中国农业标准经典收藏系列

最新中国农业行业标准

第七辑

土壤肥料分册

农业标准出版研究中心　编

中 国 农 业 出 版 社

图书在版编目（CIP）数据

最新中国农业行业标准．第7辑．土壤肥料分册/农业标准出版研究中心编．—北京：中国农业出版社，2012.1

（中国农业标准经典收藏系列）

ISBN 978-7-109-16177-1

Ⅰ．①最… Ⅱ．①农… Ⅲ．①农业—行业标准—汇编—中国 Ⅳ．①S-65

中国版本图书馆CIP数据核字（2011）第209694号

中国农业出版社出版

（北京市朝阳区农展馆北路2号）

（邮政编码100125）

责任编辑　刘　伟　李文宾

北京通州皇家印刷厂印刷　　新华书店北京发行所发行

2012年1月第1版　　2012年1月北京第1次印刷

开本：880mm×1230mm　1/16　　印张：16

字数：506千字

定价：98.00元

出 版 说 明

2011 年初，我中心出版了《中国农业标准经典收藏系列·最新中国农业行业标准》(共六辑)，将 2004—2009 年由我社出版的 1 800 多项标准汇编成册，得到了广大读者的一致好评。无论从阅读方式还是从参考使用上，都给读者带来了很大方便。为了加大农业标准的宣贯力度，扩大标准汇编本的影响，满足和方便读者的需要，我们在总结以往出版经验的基础上策划了《最新中国农业行业标准·第七辑》。

以往的汇编本专业细分不够，定价较高，且忽视了专业读者群体。本次汇编弥补了以往的不足，对 2010 年出版的 280 项农业标准进行了专业细分，根据专业不同分为畜牧兽医、水产、种植业、土壤肥料、植保、农机、公告和综合 8 个分册。

本书收集整理了 2010 年由农业部发布的肥料产品、登记、含量测定和土壤检测等方面的农业行业标准 27 项，并在书后附有 8 个标准公告供参考。

特别声明：

1. 汇编本着尊重原著的原则，除明显差错外，对标准中涉及的量、符号、单位和编写体例均未做统一改动。

2. 从印制工艺的角度考虑，原标准中的彩色部分在此只给出黑白图片。

3. 对 NY/T1973 进行了修改，即在封面上补充了代替字样。

本书可供农业生产人员、标准管理干部和科研人员使用，也可供大中专院校师生参考。

农业标准出版研究中心

2011 年 10 月

目　　录

ICS 65.080
B 10

中华人民共和国农业行业标准

NY/T 496—2010
代替 NY/T 496—2002

肥料合理使用准则　通则

Rule of rational fertilization—General

2010-05-20 发布　　2010-09-01 实施

中华人民共和国农业部　发布

前　言

本标准代替 NY/T 496—2002《肥料合理使用准则　通则》。

本标准与 NY/T 496—2002 相比主要变化如下：

——范围中删除基本原理，用“肥料”代替“以提供植物养分为主要功效的各种物料”。

——术语中删除钙肥、镁肥、硫肥、复混肥料、复合肥料、掺和肥料、植物养分、肥料养分，增加测土配方施肥，修改微量元素、有益元素、微生物肥料、平衡施肥、施肥量、常规施肥的表述，修改部分术语的英文。

——修改施肥目标、矿质营养学说、最小养分律、因子综合作用律、施肥量、施肥方法、增产率、肥料利用率的表述，增加肥料农学效率部分。

本标准由中华人民共和国农业部种植业管理司提出并归口。

本标准起草单位：全国农业技术推广服务中心。

本标准主要起草人：杜森、马常宝、孙钊、董燕、杨首燕、杨帆、高祥照。

本标准所代替标准的历次版本发布情况：

——NY/T 496—2002。

肥料合理使用准则　通则

1　范围

本标准规定了肥料合理使用的通用准则。

本标准适用于各种肥料。

2　规范性引用文件

下列文件中的条款通过本标准的引用而成为本标准的条款。凡是注日期的引用文件，其随后所有的修改单（不包括勘误的内容）或修订版均不适用于本标准，然而，鼓励根据本标准达成协议的各方研究是否可使用这些文件的最新版本。凡是不注日期的引用文件，其最新版本适用于本标准。

GB/T 6274 肥料和土壤调理剂术语

3　术语和定义

GB/T 6274 确立的以及下列术语和定义适用于本标准。

3.1

肥料　fertilizer

以提供植物养分为其主要功效的物料（GB/T 6274）。

3.2

有机肥料　organic fertilizer

主要来源于植物和（或）动物、施于土壤以提供植物营养为其主要功效的含碳物料（GB/T 6274）。

3.3

无机（矿质）肥料 inorganic(mineral)fertilizer

标明养分呈无机盐形式的肥料，由提取、物理和（或）化学工业方法制成（GB/T 6274）。

3.4

单一肥料　straight fertilizer

氮磷钾三种养分中，仅具有一种养分标明量的氮肥、磷肥或钾肥的通称（GB/T 6274）。

3.5

大量元素　macro-nutrient

对氮、磷、钾元素的通称。

3.6

中量元素　secondary nutrient

对钙、镁、硫元素的通称。

3.7

氮肥　nitrogen fertilizer

具有氮（N）标明量，以提供植物氮养分为其主要功效的单一肥料。

3.8

磷肥　phosphorus fertilizer

具有磷（P_2O_5）标明量，以提供植物磷养分为其主要功效的单一肥料。

3.9

钾肥 potassium fertilizer

具有钾(K_2O)标明量,以提供植物钾养分为其主要功效的单一肥料。

3.10

微量元素(微量养分) micro-nutrient

植物生长所必需的、但相对来说是少量的元素,包括硼、锰、铁、锌、铜、钼、氯和镍。

3.11

有益元素 beneficial element

不是所有植物生长必需的,但对某些植物生长有益的元素,如钠、硅、钴、硒、铝、钛、碘等。

3.12

有机—无机复混肥料 organic-inorganic compound fertilizer

来源于标明养分的有机和无机物质的产品,由有机和无机肥料混合(或化合)制成。

3.13

农用微生物产品 microbial product in agriculture

是指在农业上应用的含有目标微生物的一类活体制品。

3.14

平衡施肥 balanced fertilization

合理供应和调节植物需要的各种营养元素,使其能均衡满足植物生长发育的科学施肥技术。

3.15

测土配方施肥 soil testing and formulated fertilization

测土配方施肥是以肥料田间试验、土壤测试为基础,根据作物需肥规律、土壤供肥性能和肥料效应,在合理施用有机肥料的基础上,提出氮、磷、钾及中、微量元素等肥料的施用品种、数量、施肥时期和施用方法。

3.16

肥料效应 fertilizer response

肥料效应,简称肥效,是肥料对作物产量的效果,通常以肥料单位养分的施用量所能获得的作物增产量和效益表示。

3.17

施肥量 fertilizer application rate/dose

施于单位面积耕地或单位质量生长介质中的肥料或土壤调理剂养分的质量或体积(GB/T 6274)。

3.18

常规施肥 conventional fertilization

指当地农民普遍采用的施肥量、施肥品种和施肥方法,亦称习惯施肥。

4 肥料合理使用通用准则

4.1 施肥目标

合理施肥应达到高产、优质、高效、改土培肥、保证农产品质量安全和保护生态环境等目标。

4.2 施肥原理

4.2.1 矿质营养理论

植物生长发育需要碳、氢、氧、氮、磷、钾、钙、镁、硫、铁、锰、铜、锌、硼、钼、氯、镍 17 种必需营养元素和一些有益元素。碳、氢、氧主要来自空气和水,其他营养元素主要以矿物形态从土壤中吸收。每种必需元素均有其特定的生理功能,相互之间同等重要、不可替代。有益元素也能对某些植物生长发育起到促进作用。

4.2.2 养分归还学说

植物收获从土壤中带走大量养分，使土壤中的养分越来越少，地力逐渐下降。为了维持地力和提高产量，应将植物带走的养分适当归还土壤。

4.2.3 最小养分律

植物对必需营养元素的需要量有多有少，决定产量的是相对于植物需要、土壤中含量最少的有效养分。只有针对性地补充最小养分才能获得高产。最小养分随产量和施肥水平等条件的改变而变化。

4.2.4 报酬递减律

在其他技术条件相对稳定的条件下，在一定施肥量范围内，产量随着施肥量的逐渐增加而增加，但单位施肥量的增产量却呈递减趋势。施肥量超过一定限度后将不再增产，甚至造成减产。

4.2.5 因子综合作用律

植物生长受水分、养分、光照、温度、空气、品种以及土壤、耕作条件等多种因子制约，施肥仅是增产的措施之一，应与其他增产措施结合才能取得更好的效果。

4.3 施肥原则

在养分需求与供应平衡的基础上，坚持有机肥料与无机肥料相结合；坚持大量元素与中量元素、微量元素相结合；坚持基肥与追肥相结合；坚持施肥与其他措施相结合。

4.4 施肥依据

4.4.1 植物营养特性

不同植物种类、品种，同一植物品种不同生育期、不同产量水平对养分需求数量和比例不同；不同植物对养分种类的反应不同；不同植物对养分吸收利用的能力不同。

4.4.2 土壤性状

土壤类型、土壤物理、化学和生物性状等因素影响土壤保肥和供肥能力，从而影响肥料效应。

4.4.3 肥料性质

不同肥料种类和品种的特性，决定该肥料适宜的土壤类型、植物种类和施用方法。

4.4.4 其他条件

合理施肥还应考虑气候、灌溉、耕作、栽培、植物生长状况等其他条件。

4.5 施肥技术

施肥技术内容主要包括肥料种类、施肥量、养分配比、施肥时期、施肥方法和施肥位置等。施肥量是施肥技术的核心，肥料效应是上述施肥技术的综合反应。

4.5.1 肥料种类

根据土壤性状、植物营养特性和肥料性质等因素确定肥料种类。

4.5.2 施肥量

确定施肥量的方法主要有肥料效应函数法、测土施肥法和植株营养诊断法等。

4.5.3 养分配比

根据植物营养特性和土壤性状等因素调整肥料养分配比，实行平衡施肥。

4.5.4 施肥时期

根据肥料性质和植物营养特性等因素适时施肥，植物生长旺盛和吸收养分的关键时期应重点施肥。

4.5.5 施肥方法

根据土壤、作物和肥料性质等因素选择施肥方法，注意氮肥深施、磷肥和钾肥集中施用等，以发挥肥料效应，减少养分损失。

4.5.6 施肥位置

根据植物根系生长特性等因素选择适宜的施肥位置，提高养分空间有效性。

5 施肥评价指标

5.1 增产率

合理施肥产量与常规施肥或无肥区产量的差值占常规施肥或无肥区产量的百分数。

5.2 肥料利用率(养分回收率)

指施用的肥料养分被作物吸收的百分数，是评价肥料施用效果的一个重要指标。肥料利用率包括当季利用率和累积利用率。氮肥常用的是当季利用率，磷肥由于有后效，常用累积(迭加)利用率。

5.3 肥料农学效率

指特定施肥条件下，单位施肥量所增加的作物经济产量，是施肥增产效应的综合体现。

5.4 施肥经济效益

5.4.1 纯收益

施肥增加的产值与施肥成本的差值，正值表示施肥获得了经济效益，数额越大，获利愈多。

5.4.2 投入产出比

简称投产比，是施肥成本与施肥增加产值之比。

ICS 65.080
B 05

中华人民共和国农业行业标准

NY 886—2010
代替 NY 886—2004

农林保水剂

Agro-forestry absorbent polymer

2010-12-23 发布　　2011-02-01 实施

中华人民共和国农业部 发布

前　言

本标准遵照 GB/T 1.1—2009 给出的规则起草。

本标准第 4 章、第 6 章、第 7 章和第 8 章为强制性条款，其余为推荐性条款。

本标准是对 NY 886—2004《农林保水剂》的修订。

本标准与 NY 886—2004 的主要差异是：

——修订了 pH 稀释倍数；

——增加了汞、砷、镉、铅、铬限量指标；

——增加了产品质量证明书的载明内容要求；

——增加了检验方法规范性附录；

——去掉了吸水(盐水)倍数测定过程中加沙的步骤和结果表述；

——增加了吸盐水倍数的结果表述；

——增加了水分和 pH 测定的试样制备内容。

本标准自实施之日起，同时代替 NY 886—2004。

本标准由中华人民共和国农业部提出并归口。

本标准起草单位：国家化肥质量监督检验中心(北京)、全国农业技术推广服务中心。

本标准主要起草人：刘红芳、王旭、范洪黎、刘蜜、崔勇、韩岩松。

本标准所代替标准的历次版本发布情况为：

——NY 886—2004。

农林保水剂

1 范围

本标准规定了农林保水剂产品的技术要求、试验方法、检验规则、标识、包装、运输和贮存要求。

本标准适用于生产和销售的合成聚合型、淀粉接枝聚合型、纤维素接枝聚合型等吸水性树脂聚合物产品，用于农林业土壤保水、种子包衣、苗木移栽或肥料添加剂等。

2 规范性引用文件

下列文件对于本文件的应用是必不可少的。凡是注日期的引用文件，仅注日期的版本适用于本文件。凡是不注日期的引用文件，其最新版本(包括所有的修改单)适用于本文件。

GB 190 危险货物包装标志

GB 191 包装储运图示标志

GB/T 6003 试验筛

GB/T 6679 固体化工产品采样通则

GB/T 8170 数值修约规则与极限数值的表示和判定

GB 8569 固体化学肥料包装

HG/T 2843 化肥产品 化学分析中常用标准滴定溶液、标准溶液、试剂溶液和指示剂溶液

NY 1110 水溶肥料 汞、砷、镉、铅、铬的限量

NY/T 1978 肥料 汞、砷、镉、铅、铬含量的测定

NY 1979 肥料登记 标签技术要求

《产品质量仲裁检验和产品质量鉴定管理办法》

《定量包装商品计量监督管理办法》

3 术语和定义

下列术语和定义适用于本文件。

3.1

农林保水剂 agro - forestry absorbtent polymer

用于改善植物根系或种子周围土壤水分性状的土壤调理剂。

4 要求

4.1 外观：均匀粉末或颗粒。

4.2 农林保水剂技术指标应符合表1的要求。

表 1

项 目	指 标
吸水倍数，g/g	100～700
吸盐水(0.9%NaCl)倍数，g/g	≥30
水分(H_2O)含量，%	≤8
pH(1∶1 000 倍稀释)	6.0～8.0
粒度(≤0.18 mm 或 0.18 mm～2.00 mm 或 2.00 mm～4.75 mm)，%	≥90

4.3 农林保水剂中汞、砷、镉、铅、铬限量指标应符合 NY 1110 的要求。

5 试验方法

5.1 外观

目视法测定。

5.2 吸水(盐水)倍数的测定

按附录 A 的规定执行。

5.3 水分的测定

按附录 B 的规定执行。

5.4 pH 的测定

按附录 C 的规定执行。

5.5 粒度的测定

按附录 D 的规定执行。

5.6 汞含量的测定

按 NY/T 1978 的规定执行。

5.7 砷含量的测定

按 NY/T 1978 的规定执行。

5.8 镉含量的测定

按 NY/T 1978 的规定执行。

5.9 铅含量的测定

按 NY/T 1978 的规定执行。

5.10 铬含量的测定

按 NY/T 1978 的规定执行。

6 检验规则

6.1 产品应由企业质量监督部门进行检验,生产企业应保证所有的销售产品均符合本标准的要求。每批产品应附有质量证明书,其内容按标识规定执行。

6.2 产品按批检验,以一次配料为一批,最大批量为 50 t。

6.3 固体或散装产品采样按 GB/T 6679 的规定执行。

6.4 将所采样品置于洁净、干燥的容器中,迅速混匀,取样品 1 kg,分装于两个洁净、干燥的容器中,密封并贴上标签,注明生产企业名称、产品名称、批号或生产日期、采样日期、采样人姓名。其中一瓶用于产品质量分析,另一瓶应保存至少两个月,以备复验。

6.5 生产企业进行出厂检验时,如果检验结果有一项或一项以上指标不符合本标准要求,应重新自加倍采样批中采样进行复验。复验结果有一项或一项以上指标不符合本标准要求,则整批产品不应被验收合格。

6.6 产品质量合格判定,采用 GB/T 8170 中"修约值比较法"。

6.7 用户有权按本标准规定的检验规则和检验方法对所收到的产品进行核验。

6.8 当供需双方对产品质量发生异议需仲裁时,应按《产品质量仲裁检验和产品质量鉴定管理办法》的规定执行。

7 标识

7.1 产品质量证明书应载明:

7.1.1 企业名称、生产地址、联系方式、肥料登记证号、产品通用名称、执行标准号、剂型、包装规格、批号或生产日期。

7.1.2 吸水倍数、吸盐水倍数、粒度的标明值;汞、砷、镉、铅、铬元素含量的最高标明值。

7.2 产品包装标签应载明:

7.2.1 吸水倍数、吸盐水倍数、粒度的标明值。

7.2.2 汞、砷、镉、铅、铬元素含量的最高标明值。

7.3 其余按 NY 1979 的规定执行。

8 包装、运输和贮存

8.1 产品包装采用袋装或桶装,其余按 GB 8569 的规定执行。净含量按《定量包装商品计量监督管理办法》的规定执行。

8.2 在销售包装容器中的物料应混合均匀,不应附加其他成分小包装物料。

8.3 产品运输和贮存过程中应防潮、防晒、防破裂,警示说明按 GB 190 和 GB 191 的规定执行。

附 录 A
（规范性附录）
农林保水剂 吸水(盐水)倍数测定 重量法

A.1 原理

试样吸水或吸收0.9%氯化钠溶液后的质量与原质量之比即为吸水(盐水)倍数。

A.2 试剂和溶液

A.2.1 本标准中所用试剂、水和溶液的配制,在未注明规格和配制方法时,均应符合HG/T 2843的规定。

A.2.2 0.9%氯化钠溶液:$\rho(NaCl)=9\ g/L$。

A.3 仪器

A.3.1 通常实验室用仪器。

A.3.2 标准试验筛:孔径0.18 mm。

A.3.3 天平:托盘面积不小于标准试验筛的筛底盘面积。

A.4 测定步骤

A.4.1 吸水倍数的测定

称取1 g试样(精确至0.01 g),置于2 000 mL烧杯中,加入1 000 mL水,搅拌5 min,静置30 min,使试样充分吸水膨胀。将凝胶状试样移入已知质量的标准试验筛中,自然过滤10 min。将试验筛倾斜放置,再过滤10 min。称量试验筛和凝胶状试样的质量。

A.4.2 吸盐水(0.9%NaCl)倍数的测定

称取1 g试样(精确至0.01 g),置于500 mL烧杯中,加入200 mL 0.9%NaCl溶液(A.2.2),搅拌5 min,静置30 min,使试样充分吸0.9%NaCl溶液膨胀。将凝胶状试样移入已知质量的标准试验筛中,自然过滤10 min。将试验筛倾斜放置,再过滤10 min。称量试验筛和凝胶状试料的质量。

A.4.3 吸水(盐水)倍数空白试验

除不加试样外,其他步骤同试样的测定。

A.5 结果表述

吸水(盐水)倍数v以(g/g)表示,按式(A.1)计算:

$$v=\frac{m_1-m_2}{m} \qquad \text{(A.1)}$$

式中:

m_1——试样吸水(盐水)后的质量,单位为克(g);

m_2——空白试验的质量,单位为克(g);

m——试料的质量,单位为克(g)。

取平行测定结果的算术平均值为测定结果,结果保留到小数点后一位。

A.6 允许差

平行测定的相对相差不大于10%。

注:相对相差为两次测量值相差与两次测量值均值之比。

附 录 B
（规范性附录）
农林保水剂 水分测定 重量法

B.1 原理

在一定温度的恒温干燥箱内，试样在规定时间内干燥，失去的质量即为水分。

B.2 仪器

B.2.1 通常实验室用仪器。

B.2.2 恒温干燥箱：温度可控制在 105℃～110℃范围内；

B.2.3 带磨口塞称量瓶：直径 50 mm，高 30 mm。

B.3 分析步骤

B.3.1 试样的制备

样品经多次缩分后，取出约 100 g，将其迅速研磨至全部通过 0.50 mm 孔径筛（如样品潮湿，可通过 1.00 mm 筛子），混合均匀，置于洁净、干燥的容器中。

B.3.2 测定

称取约 2 g 试样（精确至 0.001 g）于预先在 105℃～110℃下干燥至恒重的称量瓶中，在 105℃～110℃干燥箱中干燥 2 h，取出移至干燥器中，冷却至室温，称量。

B.4 结果表述

水分（H_2O）含量 w 以质量分数（%）表示，按式（B.1）计算：

$$w(H_2O)=\frac{m-m_1}{m}\times 100 \qquad \text{(B.1)}$$

式中：

m——干燥前试料的质量，单位为克（g）；

m_1——干燥后试料的质量，单位为克（g）。

取平行测定结果的算术平均值为测定结果，结果保留到小数点后一位。

B.5 允许差

平行测定结果的相对相差不大于 10%。

注：相对相差为两次测量值相差与两次测量值均值之比。

附　录　C
（规范性附录）
农林保水剂　pH 测定　pH 计法

C.1　原理

当以 pH 计的玻璃电极为指示电极，甘汞电极为参比电极，插入试样溶液中时，两者之间产生一个电位差，该电位差的大小取决于试样溶液中的氢离子活度，氢离子活度的负对数即为 pH 值，由 pH 计直接读出。

C.2　试剂和溶液

本标准中所用试剂、水和溶液的配制，在未注明规格和配制方法时，均应符合 HG/T 2843 的规定。

C.2.1　pH 4.01 标准缓冲溶液

称取在 120℃烘 2 h 的苯二甲酸氢钾（$KHC_8H_4O_4$）10.21 g，用去二氧化碳水溶解后定容至 1 L。

C.2.2　pH 6.87 标准缓冲溶液

称取磷酸二氢钾（KH_2PO_4）3.40 g 和磷酸氢二钠（Na_2HPO_4）3.55 g，用去二氧化碳水溶解后定容至 1 L。

C.2.3　pH 9.18 标准缓冲溶液

称取 3.81 g 硼砂（$Na_2B_4O_7 \cdot 10H_2O$），用去二氧化碳水溶解后定容至 1 L。

C.3　仪器

C.3.1　通常实验室用仪器。

C.3.2　pH 计：灵敏度为 0.01 pH 单位。

C.4　分析步骤

C.4.1　试样的制备

样品经多次缩分后，取出约 100 g，将其迅速研磨至全部通过 0.50 mm 孔径筛（如样品潮湿，可通过 1.00 mm 筛子），混合均匀，置于洁净、干燥的容器中。

C.4.2　测定

称取 1 g 试样（精确至 0.01 g），置于 2 000 mL 烧杯中，加 1 000 mL 去二氧化碳的水，搅拌 5 min，静置 30 min，测定 pH。测定前，应使用 pH 标准缓冲溶液对 pH 计进行校准。

C.5　分析结果的表述

取平行测定结果的算术平均值为测定结果，结果保留到小数点后两位。

C.6　允许差

平行测定结果的绝对差值不大于 0.20 pH 单位。

附 录 D
(规范性附录)
农林保水剂　粒度测定　筛分法

D.1　原理

用一定规格试验筛,将实验室样品分成不同粒径的颗粒,称量,计算不同粒径颗粒的质量分数。

D.2　仪器

D.2.1　通常实验室用仪器。

D.2.2　标准试验筛(附筛盖和筛底盘):孔径 0.18 mm、2.00 mm 和 4.75 mm。

D.2.3　振筛机。

D.2.4　天平:托盘面积不小于标准试验筛的筛底盘面积。

D.3　粒度(≤0.18 mm)测定

D.3.1　测定步骤

选取孔径 0.18 mm 标准试验筛,称量筛底盘的质量(精确至 0.1 g),筛底盘置于下层。再称取 200 g(精确至 0.1 g)试样置于试验筛中,盖好筛盖,置于振筛机上,振荡 5 min,称量筛底盘和筛底盘上物的质量。

D.3.2　结果表述

粒度 x_1 以粒径范围内物质的质量分数(%)表示,按式(D.1)计算

$$x_1 = \frac{m_1 - m_2}{m} \times 100 \qquad \text{(D.1)}$$

式中:

m_1——筛底盘和筛底盘上物的质量,单位为克(g);

m_2——筛底盘的质量,单位为克(g);

m——试料的质量,单位为克(g)。

结果保留到小数点后一位。

D.4　粒度(0.18 mm~2.00 mm)测定

D.4.1　测定步骤

选取孔径 2.00 mm 和 0.18 mm 两个标准试验筛,称量孔径 0.18 mm 试验筛的质量(精确至 0.1 g),将试验筛依上大下小次序叠好,筛底盘置于最下层。再称取 200 g(精确至 0.1 g)试样,置于上层试验筛中,盖好筛盖,置于振筛机上,振荡 5 min,称量孔径 0.18 mm 试验筛和筛上物的质量。

D.4.2　结果表述

粒度 x_2 以粒径范围内物质的质量分数(%)表示,按式(D.2)计算:

$$x_2 = \frac{m_1 - m_2}{m} \times 100 \qquad \text{(D.2)}$$

式中:

m_1——孔径 0.18 mm 试验筛和筛上物的质量,单位为克(g);

m_2——孔径 0.18 mm 试验筛的质量，单位为克(g)；

m——试料的质量，单位为克(g)。

结果保留到小数点后一位。

D.5 粒度(2.00 mm～4.75 mm)测定

D.5.1 测定步骤

选取孔径 4.75 mm 和 2.00 mm 两个标准试验筛，称量孔径 2.00 mm 试验筛的质量(精确至 0.1 g)，将试验筛依上大下小次序叠好，筛底盘置于最下层。再称取 200 g(精确至 0.1 g)试样，置于上层试验筛中，盖好筛盖，置于振筛机上，振荡 5 min，称量孔径 2.00 mm 试验筛和筛上物的质量。

D.5.2 结果表述

粒度 x_3 以粒径范围内物质的质量分数(%)表示，按式(D.3)计算：

$$x_3 = \frac{m_1 - m_2}{m} \times 100 \qquad \text{(D.3)}$$

式中：

m_1——孔径 2.00mm 试验筛和筛上物的质量，单位为克(g)；

m_2——孔径 2.00 mm 试验筛的质量，单位为克(g)；

m——试料的质量，单位为克(g)。

结果保留到小数点后一位。

ICS 65.080
B 10

中华人民共和国农业行业标准

NY/T 887—2010
代替 NY/T 887—2004

液体肥料　密度的测定

Liquid fertilizers—Determination of density

2010-12-23 发布　　2011-02-01 实施

中华人民共和国农业部　发布

前　言

本标准遵照 GB/T 1.1—2009 给出的规则起草。

本标准是对 NY/T 887—2004《液体肥料密度的测定》的修订。

本版与原版的主要差异是：

——测定容器增加了“10 mL 容量瓶”；

——增加了对摇匀后有气泡均匀分布于试样中的特殊试样可直接采用上清液测定密度。

本标准自实施之日起，同时代替 NY/T 887—2004。

本标准由中华人民共和国农业部提出并归口。

本标准起草单位：国家化肥质量监督检验中心（北京）、农业部肥料质量监督检验测试中心（济南）、农业部肥料质量监督检验中心（成都）。

本标准主要起草人：刘蜜、肖瑞芹、赵建忠、杨荣。

本标准所代替标准的历次版本发布情况为：

——NY/T 887—2004。

液体肥料　密度的测定

1　范围

本标准规定了液体肥料密度的测定方法。

本标准所得结果用于液体肥料质量浓度的换算，不用作液体肥料物理特性的鉴定。

2　规范性引用文件

下列文件对于本文件的应用是必不可少的。凡是注日期的引用文件，仅注日期的版本适用于本文件。凡是不注日期的引用文件，其最新版本（包括所有的修改单）适用于本文件。

GB/T 8170　数值修约规则与极限数值的表示和判定

3　原理

在25℃±5℃条件下，测定单位容积中试样的质量，即为试样的密度。

4　仪器和试验条件

4.1　通常实验室用仪器。

4.2　分析天平：感量为0.001 g。

4.3　温度计：分度值为1℃。

4.4　恒温水浴或恒温室或低温培养箱：温度可控制在25℃±5℃。

5　测定

5.1　试样的制备：实验室样品经多次摇动后，迅速取出50 mL～200 mL，置于洁净、干燥的容器中。

5.2　将试样置于恒温水浴中30 min或恒温室中70 min或空气浴中70 min，测定试样温度，使之达25℃±5℃。

5.3　将试样摇匀后（当遇到摇匀后有气泡均匀分布于试样中的特殊试样，可另取此试样直接采用上清液）用长颈漏斗缓缓移至10 mL或25 mL或50 mL干燥、已知质量的容量瓶中，静置5 min，调整试样液面至容量瓶刻度线。

5.4　用滤纸擦干容量瓶外壁后，立即称重，精确至0.001 g。

6　结果表述

密度ρ^{25}以克/毫升（g/mL）表示，按式（1）计算：

$$\rho^{25} = (m - m_0)/V \tag{1}$$

式中：

m_0——容量瓶质量的数值，单位为克（g）；

m——含试料容量瓶质量的数值，单位为克（g）；

V——试样的定容体积的数值，单位为毫升（mL）。

取平行测定结果的算术平均值为测定结果，结果保留到小数点后两位。

7　允许差

平行测定结果的绝对差值不大于0.03 g/mL。

不同实验室测定结果的绝对差值不大于0.04 g/mL。

ICS 65.080
G 21

中华人民共和国农业行业标准

NY 1106—2010
代替 NY 1106—2006

含腐植酸水溶肥料

Water-soluble fertilizers containing humic-acids

2010-12-23 发布　　　　2011-02-01 实施

中华人民共和国农业部 发布

前　言

本标准遵照 GB/T 1.1—2009 给出的规则起草。

本标准第 4 章、第 6 章、第 7 章和第 8 章为强制性条款，其余为推荐性条款。

本标准是对 NY 1106—2006《含腐植酸水溶肥料》的修订。

本标准与 NY 1106—2006 的主要差异是：

——将腐植酸原料明确为"矿物源腐植酸"；

——取消大量元素型的Ⅰ型和Ⅱ型，修订腐植酸含量和大量元素含量指标；

——增加大量元素型产品应至少包含两种大量元素要求；修订最低单一大量元素含量不低于 2.0%或 20 g/L 要求；

——修订微量元素型产品应至少包含一种微量元素；钼元素含量不高于 0.5%；

——pH 由 4.0～9.0 修订为 4.0～10.0；

——增加质量证明书的载明内容要求；

——修订单一大量元素测定值与标明值负偏差要求；单一微量元素测定值与标明值正负偏差要求；

——增加硫、氯、钠元素含量和 pH 标明值的要求；

——增加固体产品销售包装和分量包装净含量要求；

——剔除原标准检验方法附录部分。

本标准自实施之日起，同时代替 NY 1106—2006。

本标准由中华人民共和国农业部提出并归口。

本标准起草单位：国家化肥质量监督检验中心(北京)。

本标准主要起草人：王旭、封朝晖、刘红芳、保万魁、孙蓟锋。

本标准所代替标准的历次版本发布情况为：

——NY 1106—2006。

含腐植酸水溶肥料

1 范围

本标准规定了含腐植酸水溶肥料(大量元素型)和含腐植酸水溶肥料(微量元素型)的技术要求、试验方法、检验规则、标识、包装、运输和贮存。

本标准适用于中华人民共和国境内生产和销售的,以适合植物生长所需比例的矿物源腐植酸,添加适量氮、磷、钾大量元素或铜、铁、锰、锌、硼、钼微量元素而制成的液体或固体水溶肥料。

2 规范性引用文件

下列文件对于本文件的应用是必不可少的。凡是注日期的引用文件,仅注日期的版本适用于本文件。凡是不注日期的引用文件,其最新版本(包括所有的修改单)适用于本文件。

GB 190 危险货物包装标志

GB 191 包装储运图示标志

GB/T 6679 固体化工产品采样通则

GB/T 6680 液体化工产品采样通则

GB/T 8170 数值修约规则与极限数值的表示和判定

GB 8569 固体化学肥料包装

GB/T 8576 复混肥料中游离水含量的测定 真空烘箱法

GB/T 8577 复混肥料中游离水含量的测定 卡尔·费休法

NY/T 887 液体肥料 密度的测定

NY/T 1108 液体肥料 包装技术要求

NY 1110 水溶肥料 汞、砷、镉、铅、铬的限量要求

NY/T 1117 水溶肥料 钙、镁、硫、氯含量的测定

NY/T 1971 水溶肥料 腐植酸含量的测定

NY/T 1972 水溶肥料 钠、硒、硅含量的测定

NY/T 1973 水溶肥料 水不溶物含量和 pH 的测定

NY/T 1974 水溶肥料 铜、铁、锰、锌、硼、钼含量的测定

NY/T 1977 水溶肥料 总氮、磷、钾含量的测定

NY/T 1978 肥料 汞、砷、镉、铅、铬含量的测定

NY 1979 肥料登记 标签技术要求

《产品质量仲裁检验和产品质量鉴定管理办法》

《定量包装商品计量监督管理办法》

3 术语和定义

下列术语和定义适用于本文件。

3.1

水溶肥料 water-soluble fertilizers

经水溶解或稀释,用于灌溉施肥、叶面施肥、无土栽培、浸种蘸根等用途的液体或固体肥料。

3.2

矿物源腐植酸 mineral humic acids

由动植物残体经过微生物分解、转化以及地球化学作用等系列过程形成的，从泥炭、褐煤或风化煤提取而得的，含苯核、羧基和酚羟基等无定形高分子化合物的混合物。

4 要求

4.1 外观：均匀的液体或固体。

4.2 产品类型：按添加大量、微量营养元素类型将含腐植酸水溶肥料分为大量元素型和微量元素型。其中，大量元素型产品分为固体或液体两种剂型；微量元素型产品仅为固体剂型。

4.3 含腐植酸水溶肥料（大量元素型）固体产品技术指标应符合表1的要求。

表1

项 目	指 标
腐植酸含量，%	≥3.0
大量元素含量[a]，%	≥20.0
水不溶物含量，%	≤5.0
pH（1∶250倍稀释）	4.0～10.0
水分（H_2O）含量，%	≤5.0
[a] 大量元素含量指总N、P_2O_5、K_2O含量之和。产品应至少包含两种大量元素。单一大量元素含量不低于2.0%。	

4.4 含腐植酸水溶肥料（大量元素型）液体产品技术指标应符合表2的要求。

表2

项 目	指 标
腐植酸含量，g/L	≥30
大量元素含量[a]，g/L	≥200
水不溶物含量，g/L	≤50
pH（1∶250倍稀释）	4.0～10.0
[a] 大量元素含量指总N、P_2O_5、K_2O含量之和。产品应至少包含两种大量元素。单一大量元素含量不低于20 g/L。	

4.5 含腐植酸水溶肥料（微量元素型）产品技术指标应符合表3的要求。

表3

项 目	指 标
腐植酸含量，%	≥3.0
微量元素含量[a]，%	≥6.0
水不溶物含量，%	≤5.0
pH（1∶250倍稀释）	4.0～10.0
水分（H_2O）含量，%	≤5.0
[a] 微量元素含量指铜、铁、锰、锌、硼、钼元素含量之和。产品应至少包含一种微量元素。含量不低于0.05%的单一微量元素均应计入微量元素含量中。钼元素含量不高于0.5%。	

4.6 含腐植酸水溶肥料中汞、砷、镉、铅、铬限量指标应符合NY 1110的要求。

5 试验方法

5.1 外观

目视法测定。

5.2 腐植酸含量的测定

按 NY/T 1971 的规定执行。

5.3 总氮含量的测定

按 NY/T 1977 的规定执行。

5.4 磷含量的测定

按 NY/T 1977 的规定执行。

5.5 钾含量的测定

按 NY/T 1977 的规定执行。

5.6 铜含量的测定

按 NY/T 1974 的规定执行。

5.7 铁含量的测定

按 NY/T 1974 的规定执行。

5.8 锰含量的测定

按 NY/T 1974 的规定执行。

5.9 锌含量的测定

按 NY/T 1974 的规定执行。

5.10 硼含量的测定

按 NY/T 1974 的规定执行。

5.11 钼含量的测定

按 NY/T 1974 的规定执行。

5.12 硫含量的测定

按 NY/T 1117 的规定执行。

5.13 氯含量的测定

按 NY/T 1117 的规定执行。

5.14 钠含量的测定

按 NY/T 1972 的规定执行。

5.15 pH 的测定

按 NY/T 1973 的规定执行。

5.16 水不溶物含量的测定

按 NY/T 1973 的规定执行。

5.17 水分含量的测定

按 GB/T 8576 或 GB/T 8577 的规定执行。GB/T 8577 为仲裁法。

5.18 液体肥料密度的测定

按 NY/T 887 的规定执行。结果用于质量浓度的换算。

5.19 汞含量的测定

按 NY/T 1978 的规定执行。

5.20 砷含量的测定

按 NY/T 1978 的规定执行。

5.21 镉含量的测定

按 NY/T 1978 的规定执行。

5.22 铅含量的测定

按 NY/T 1978 的规定执行。

5.23 铬含量的测定

按 NY/T 1978 的规定执行。

6 检验规则

6.1 产品应由企业质量监督部门进行检验，生产企业应保证所有的销售产品均符合本标准的要求。每批产品应附有质量证明书，其内容按标识规定执行。

6.2 产品按批检验，以一次配料为一批，最大批量为 50 t。

6.3 固体或散装产品采样按 GB/T 6679 的规定执行。液体产品采样按 GB/T 6680 的规定执行。

6.4 将所采样品置于洁净、干燥的容器中，迅速混匀。取固体样品 600 g 或液体样品 600 mL，分装于两个洁净、干燥的容器中，密封并贴上标签，注明生产企业名称、产品名称、批号或生产日期、采样日期、采样人姓名。其中一瓶用于产品质量分析，另一瓶应保存至少两个月，以备复验。

6.5 固体样品经多次缩分后，取出约 100 g，将其迅速研磨至全部通过 0.50 mm 孔径筛（如样品潮湿，可通过 1.00 mm 筛子），混合均匀，置于洁净、干燥的容器中，用于测定。

6.6 液体样品经多次摇动后，迅速取出约 100 mL，置于洁净、干燥的容器中，用于测定。

6.7 生产企业进行出厂检验时，如果检验结果有一项或一项以上指标不符合本标准要求，应重新自加倍采样批中采样进行复验。复验结果有一项或一项以上指标不符合本标准要求，则整批产品不应被验收合格。

6.8 产品质量合格判定，采用 GB/T 8170 中“修约值比较法”。

6.9 用户有权按本标准规定的检验规则和检验方法对所收到的产品进行核验。

6.10 当供需双方对产品质量发生异议需仲裁时，应按《产品质量仲裁检验和产品质量鉴定管理办法》的规定执行。

7 标识

7.1 产品质量证明书应载明：

7.1.1 企业名称、生产地址、联系方式、肥料登记证号、产品通用名称（产品类型）、执行标准号、剂型、包装规格、批号或生产日期。

7.1.2 腐植酸含量的最低标明值；大量元素含量或微量元素含量的最低标明值；单一大量元素含量或单一微量元素含量的标明值；硫、氯、钠元素含量的标明值；pH 的标明值；汞、砷、镉、铅、铬元素含量的最高标明值。

7.2 产品包装标签应载明：

7.2.1 腐植酸含量的最低标明值。

7.2.2 大量元素含量或微量元素含量的最低标明值、单一大量元素含量或单一微量元素含量的标明值。

——单一大量元素标明值之和应符合大量元素含量要求。当单一大量元素标明值不大于 4.0%或 40 g/L 时，各测定值与标明值负相对偏差的绝对值应不大于 40%；当单一大量元素标明值大于 4.0%或 40 g/L 时，各测定值与标明值负偏差的绝对值应不大于 1.5%或 15 g/L。

——单一微量元素标明值之和应符合微量元素含量要求。当单一微量元素标明值不大于 2.0%或 20 g/L 时，各测定值与标明值正负相对偏差的绝对值应不大于 40%；当单一微量元素标明值大于 2.0%或 20 g/L 时，各测定值与标明值正负偏差的绝对值应不大于 1.0%或 10 g/L。

7.2.3 硫元素含量的标明值。当硫元素标明值为“硫（S）≤3.0%或 30 g/L”时，其测定值应不大于 3.0%或 30 g/L；当硫元素标明值大于 3.0%或 30 g/L 时，其测定值与标明值正负偏差的绝对值应不大于 1.5%或 15 g/L。

7.2.4 氯元素含量的标明值。当氯元素标明值为“氯(Cl)≤3.0%或 30 g/L”时，其测定值应不大于 3.0%或 30 g/L；当氯元素标明值大于 3.0%或 30 g/L 时，其测定值与标明值正负偏差的绝对值应不大于 1.5%或 15 g/L。

7.2.5 钠元素含量的标明值。当钠元素标明值为“钠(Na)≤3.0%或 30 g/L”时，其测定值应不大于 3.0%或 30 g/L；当钠元素标明值大于 3.0%或 30 g/L 时，其测定值与标明值正负偏差的绝对值应不大于 1.5%或 15 g/L。

7.2.6 pH 的标明值。pH 测定值应符合其标明值正负偏差 pH±1.0 要求。

7.2.7 汞、砷、镉、铅、铬元素含量的最高标明值。

7.3 其余按 NY 1979 的规定执行。

8 包装、运输和贮存

8.1 固体产品最小销售包装每袋(瓶)净含量应不低于 100 g；若进行分量包装，应标明其净含量；其余按 GB 8569 的规定执行。液体产品包装按 NY/T 1108 的规定执行。净含量按《定量包装商品计量监督管理办法》的规定执行。

8.2 在销售包装容器中的物料应混合均匀，不应附加其他成分小包装物料。

8.3 产品运输和贮存过程中应防潮、防晒、防破裂，警示说明按 GB 190 和 GB 191 的规定执行。

ICS 65.080
G 21

中华人民共和国农业行业标准

NY 1107—2010
代替 NY 1107—2006

大量元素水溶肥料

Water-soluble fertilizers containing nitrogen, phosphorus and potassium

2010-12-23 发布　　2011-02-01 实施

中华人民共和国农业部　发布

前　言

本标准遵照 GB/T 1.1—2009 给出的规则起草。

本标准第 4 章、第 6 章、第 7 章和第 8 章为强制性条款，其余为推荐性条款。

本标准是对 NY 1107—2006《大量元素水溶肥料》的修订。

本标准与 NY 1107—2006 的主要差异是：

——增加产品类型：大量元素水溶肥料（微量元素型）和大量元素水溶肥料（中量元素型）；

——增加产品应至少包含两种大量元素要求；修订最低单一大量元素含量不低于 4.0%或 40 g/L 要求；

——增加中量元素型技术指标，中量元素含量指标为≥1.0%或 10 g/L；

——微量元素含量指标修订为 0.2%～3.0%或 2 g/L～30 g/L，产品应至少包含一种微量元素；增加钼元素含量不高于 0.5%或 5 g/L；

——pH 由 3.0～7.0 修订为 3.0～9.0；

——增加质量证明书的载明内容要求；

——修订单一大量元素测定值与标明值负偏差要求；设定单一中量元素测定值与标明值负偏差要求；

——增加硫、氯、钠元素含量和 pH 标明值的要求；

——增加固体产品销售包装和分量包装净含量要求；

——剔除原标准检验方法的附录部分。

本标准自实施之日起，同时代替 NY 1107—2006。

本标准由中华人民共和国农业部提出并归口。

本标准起草单位：国家化肥质量监督检验中心（北京）。

本标准主要起草人：王旭、封朝晖、刘红芳、保万魁、孙蓟锋。

本标准所代替标准的历次版本发布情况为：

——NY 1107—2006。

大量元素水溶肥料

1 范围

本标准规定了大量元素水溶肥料(中量元素型)和大量元素水溶肥料(微量元素型)的技术要求、试验方法、检验规则、标识、包装、运输和贮存。

本标准适用于中华人民共和国境内生产和销售的,以大量元素氮、磷、钾为主要成分的,添加适量中量元素或微量元素的液体或固体水溶肥料。

本标准不适用于已有强制性国家或行业标准的肥料产品,如复混肥料(复合肥料)以及仅由化学方法制成的固体肥料。

2 规范性引用文件

下列文件对于本文件的应用是必不可少的。凡是注日期的引用文件,仅注日期的版本适用于本文件。凡是不注日期的引用文件,其最新版本(包括所有的修改单)适用于本文件。

GB 190 危险货物包装标志

GB 191 包装储运图示标志

GB/T 6679 固体化工产品采样通则

GB/T 6680 液体化工产品采样通则

GB/T 8170 数值修约规则与极限数值的表示和判定

GB 8569 固体化学肥料包装

GB/T 8576 复混肥料中游离水含量的测定 真空烘箱法

GB/T 8577 复混肥料中游离水含量的测定 卡尔·费休法

NY/T 887 液体肥料 密度的测定

NY/T 1108 液体肥料 包装技术要求

NY 1110 水溶肥料 汞、砷、镉、铅、铬的限量要求

NY/T 1117 水溶肥料 钙、镁、硫、氯含量的测定

NY/T 1972 水溶肥料 钠、硒、硅含量的测定

NY/T 1973 水溶肥料 水不溶物含量和 pH 的测定

NY/T 1974 水溶肥料 铜、铁、锰、锌、硼、钼含量的测定

NY/T 1977 水溶肥料 总氮、磷、钾含量的测定

NY/T 1978 肥料 汞、砷、镉、铅、铬含量的测定

NY 1979 肥料登记 标签技术要求

《产品质量仲裁检验和产品质量鉴定管理办法》

《定量包装商品计量监督管理办法》

3 术语和定义

下列术语和定义适用于本标准。

3.1

水溶肥料 water-soluble fertilizers

经水溶解或稀释,用于灌溉施肥、叶面施肥、无土栽培、浸种蘸根等用途的液体或固体肥料。

4 要求

4.1 外观:均匀的液体或固体。

4.2 产品类型:按添加中量、微量营养元素类型将大量元素水溶肥料分为中量元素型和微量元素型。

4.3 大量元素水溶肥料(中量元素型)固体产品技术指标应符合表1的要求。

表1

项　　目	指　　标
大量元素含量[a],%	≥50.0
中量元素含量[b],%	≥1.0
水不溶物含量,%	≤5.0
pH(1∶250倍稀释)	3.0～9.0
水分(H_2O)含量,%	≤3.0

[a] 大量元素含量指总N、P_2O_5、K_2O含量之和。产品应至少包含两种大量元素。单一大量元素含量不低于4.0%。

[b] 中量元素含量指钙、镁元素含量之和。产品应至少包含一种中量元素。含量不低于0.1%的单一中量元素均应计入中量元素含量中。

4.4 大量元素水溶肥料(中量元素型)液体产品技术指标应符合表2的要求。

表2

项　　目	指　　标
大量元素含量[a],g/L	≥500
中量元素含量[b],g/L	≥10
水不溶物含量,g/L	≤50
pH(1∶250倍稀释)	3.0～9.0

[a] 大量元素含量指总N、P_2O_5、K_2O含量之和。产品应至少包含两种大量元素。单一大量元素含量不低于40 g/L。

[b] 中量元素含量指钙、镁元素含量之和。产品应至少包含一种中量元素。含量不低于1 g/L的单一中量元素均应计入中量元素含量中。

4.5 大量元素水溶肥料(微量元素型)固体产品技术指标应符合表3的要求。

表3

项　　目	指　　标
大量元素含量[a],%	≥50.0
微量元素含量[b],%	0.2～3.0
水不溶物含量,%	≤5.0
pH(1∶250倍稀释)	3.0～9.0
水分(H_2O)含量,%	≤3.0

[a] 大量元素含量指总N、P_2O_5、K_2O含量之和。产品应至少包含两种大量元素。单一大量元素含量不低于4.0%。

[b] 微量元素含量指铜、铁、锰、锌、硼、钼元素含量之和。产品应至少包含一种微量元素。含量不低于0.05%的单一微量元素均应计入微量元素含量中。钼元素含量不高于0.5%。

4.6 大量元素水溶肥料(微量元素型)液体产品技术指标应符合表4的要求。

表4

项　　目	指　　标
大量元素含量[a],g/L	≥500

表 4 (续)

项　　目	指　　标
微量元素含量[b],g/L	2～30
水不溶物含量,g/L	≤50
pH(1∶250 倍稀释)	3.0～9.0
[a] 大量元素含量指总 N、P_2O_5、K_2O 含量之和。产品应至少包含两种大量元素。单一大量元素含量不低于 40 g/L。 [b] 微量元素含量指铜、铁、锰、锌、硼、钼元素含量之和。产品应至少包含一种微量元素。含量不低于 0.5 g/L 的单一微量元素均应计入微量元素含量中。钼元素含量不高于 5 g/L。	

4.7 中量元素含量和微量元素含量均符合要求时,产品类型归为微量元素型。

4.8 大量元素水溶肥料中汞、砷、镉、铅、铬限量指标应符合 NY 1110 的要求。

5 试验方法

5.1 外观

目视法测定。

5.2 总氮含量的测定

按 NY/T 1977 的规定执行。

5.3 磷含量的测定

按 NY/T 1977 的规定执行。

5.4 钾含量的测定

按 NY/T 1977 的规定执行。

5.5 钙含量的测定

按 NY/T 1117 的规定执行。

5.6 镁含量的测定

按 NY/T 1117 的规定执行。

5.7 铜含量的测定

按 NY/T 1974 的规定执行。

5.8 铁含量的测定

按 NY/T 1974 的规定执行。

5.9 锰含量的测定

按 NY/T 1974 的规定执行。

5.10 锌含量的测定

按 NY/T 1974 的规定执行。

5.11 硼含量的测定

按 NY/T 1974 的规定执行。

5.12 钼含量的测定

按 NY/T 1974 的规定执行。

5.13 硫含量的测定

按 NY/T 1117 的规定执行。

5.14 氯含量的测定

按 NY/T 1117 的规定执行。

5.15 钠含量的测定

按 NY/T 1972 的规定执行。

5.16 **pH 的测定**

按 NY/T 1973 的规定执行。

5.17 **水不溶物含量的测定**

按 NY/T 1973 的规定执行。

5.18 **水分含量的测定**

按 GB/T 8576 或 GB/T 8577 的规定执行。GB/T 8577 为仲裁法。

5.19 **液体肥料密度的测定**

按 NY/T 887 的规定执行。结果用于质量浓度的换算。

5.20 **汞含量的测定**

按 NY/T 1978 的规定执行。

5.21 **砷含量的测定**

按 NY/T 1978 的规定执行。

5.22 **镉含量的测定**

按 NY/T 1978 的规定执行。

5.23 **铅含量的测定**

按 NY/T 1978 的规定执行。

5.24 **铬含量的测定**

按 NY/T 1978 的规定执行。

6 检验规则

6.1 产品应由企业质量监督部门进行检验，生产企业应保证所有的销售产品均符合本标准的要求。每批产品应附有质量证明书，其内容按标识规定执行。

6.2 产品按批检验，以一次配料为一批，最大批量为 50 t。

6.3 固体或散装产品采样按 GB/T 6679 的规定执行。液体产品采样按 GB/T 6680 的规定执行。

6.4 将所采样品置于洁净、干燥的容器中，迅速混匀。取固体样品 600 g 或液体样品 600 mL，分装于两个洁净、干燥的容器中，密封并贴上标签，注明生产企业名称、产品名称、批号或生产日期、采样日期、采样人姓名。其中一瓶用于产品质量分析，另一瓶应保存至少两个月，以备复验。

6.5 固体样品经多次缩分后，取出约 100 g，将其迅速研磨至全部通过 0.50 mm 孔径筛(如样品潮湿，可通过 1.00 mm 筛子)，混合均匀，置于洁净、干燥的容器中，用于测定。

6.6 液体样品经多次摇动后，迅速取出约 100 mL，置于洁净、干燥的容器中，用于测定。

6.7 生产企业进行出厂检验时，如果检验结果有一项或一项以上指标不符合本标准要求，应重新自加倍采样批中采样进行复验。复验结果有一项或一项以上指标不符合本标准要求，则整批产品不应被验收合格。

6.8 产品质量合格判定，采用 GB/T 8170 中“修约值比较法”。

6.9 用户有权按本标准规定的检验规则和检验方法对所收到的产品进行核验。

6.10 当供需双方对产品质量发生异议需仲裁时，应按《产品质量仲裁检验和产品质量鉴定管理办法》的规定执行。

7 标识

7.1 产品质量证明书应载明：

7.1.1 企业名称、生产地址、联系方式、肥料登记证号、产品通用名称(产品类型)、执行标准号、剂型、包装规格、批号或生产日期。

7.1.2 大量元素含量的最低标明值、单一大量元素含量的标明值;中量元素含量和/或微量元素含量的最低标明值、单一中量元素含量和/或单一微量元素含量的标明值;硫、氯、钠元素含量的标明值;pH 的标明值;汞、砷、镉、铅、铬元素含量的最高标明值。

7.2 产品包装标签应载明:

7.2.1 大量元素含量的最低标明值和单一大量元素含量的标明值。单一大量元素标明值之和应符合大量元素含量要求。各单一大量元素测定值与标明值负偏差的绝对值应不大于 1.5%或 15 g/L。

7.2.2 中量元素含量和/或微量元素含量的最低标明值、单一中量元素含量和/或单一微量元素含量的标明值。

——单一中量元素标明值之和应符合中量元素含量要求。当单一中量元素标明值不大于 2.0%或 20 g/L 时,各测定值与标明值负相对偏差的绝对值应不大于 40%;当单一中量元素标明值大于 2.0%或 20 g/L 时,各测定值与标明值负偏差的绝对值应不大于 1.0%或 10 g/L。

——单一微量元素标明值之和应符合微量元素含量要求。当单一微量元素标明值不大于 2.0%或 20 g/L 时,各测定值与标明值正负相对偏差的绝对值应不大于 40%;当单一微量元素标明值大于 2.0%或 20 g/L 时,各测定值与标明值正负偏差的绝对值应不大于 1.0%或 10 g/L。

7.2.3 硫元素含量的标明值。当硫元素标明值为"硫(S)≤3.0%或 30 g/L"时,其测定值应不大于 3.0%或 30 g/L;当硫元素标明值大于 3.0%或 30 g/L 时,其测定值与标明值正负偏差的绝对值应不大于 1.5%或 15 g/L。

7.2.4 氯元素含量的标明值。当氯元素标明值为"氯(Cl)≤3.0%或 30 g/L"时,其测定值应不大于 3.0%或 30 g/L;当氯元素标明值大于 3.0%或 30 g/L 时,其测定值与标明值正负偏差的绝对值应不大于 1.5%或 15 g/L。

7.2.5 钠元素含量的标明值。当钠元素标明值为"钠(Na)≤3.0%或 30 g/L"时,其测定值应不大于 3.0%或 30 g/L;当钠元素标明值大于 3.0%或 30 g/L 时,其测定值与标明值正负偏差的绝对值应不大于 1.5%或 15 g/L。

7.2.6 pH 的标明值。pH 测定值应符合其标明值正负偏差 pH±1.0 要求。

7.2.7 汞、砷、镉、铅、铬元素含量的最高标明值。

7.3 其余按 NY 1979 的执行。

8 包装、运输和贮存

8.1 固体产品最小销售包装每袋(瓶)净含量应不低于 100 g;若进行分量包装,应标明其净含量;其余按 GB 8569 的规定执行。液体产品包装按 NY/T 1108 的规定执行。净含量按《定量包装商品计量监督管理办法》的规定执行。

8.2 在销售包装容器中的物料应混合均匀,不应附加其他成分小包装物料。

8.3 产品运输和贮存过程中应防潮、防晒、防破裂,警示说明按 GB 190 和 GB 191 的规定执行。

ICS 65.080
B 10

中华人民共和国农业行业标准

NY 1110—2010
代替 NY 1110—2006

水溶肥料
汞、砷、镉、铅、铬的限量要求

Water-soluble fertilizers—
Content-limits of mercury, arsenic, cadmium, lead and chromium

2010-12-23 发布　　　　2011-02-01 实施

中华人民共和国农业部　发布

前　言

本标准遵照 GB/T 1.1—2009 给出的规则起草。

本标准第 4 章、第 6 章和第 7 章为强制性条款,其余为推荐性条款。

本标准是对 NY 1110—2006《水溶肥料汞、砷、镉、铅、铬的限量及其含量测定》的修订。

本标准与 NY 1110—2006 的主要差异是:

——剔除原标准检验方法附录部分。

本标准自实施之日起,同时代替 NY 1110—2006。

本标准由中华人民共和国农业部提出并归口。

本标准起草单位:国家化肥质量监督检验中心(北京)。

本标准主要起草人:王旭、刘红芳、孙蓟锋、保万魁。

本标准所代替标准的历次版本发布情况为:

——NY 1110—2006。

水溶肥料　汞、砷、镉、铅、铬的限量要求

1　范围

本标准规定了水溶肥料中汞、砷、镉、铅、铬的限量要求、试验方法、检验规则及产品标识。

本标准适用于中华人民共和国境内生产和销售的液体或固体水溶肥料。

2　规范性引用文件

下列文件对于本文件的应用是必不可少的。凡是注日期的引用文件，仅注日期的版本适用于本文件。凡是不注日期的引用文件，其最新版本（包括所有的修改单）适用于本文件。

GB/T 6679　固体化工产品采样通则

GB/T 6680　液体化工产品采样通则

GB/T 8170　数值修约规则与极限数值的表示和判定

NY/T 1978　肥料　汞、砷、镉、铅、铬含量的测定

NY 1979　肥料登记　标签技术要求

《产品质量仲裁检验和产品质量鉴定管理办法》

3　术语和定义

下列术语和定义适用于本文件。

3.1

水溶肥料　water - soluble fertilizers

经水溶解或稀释，用于灌溉施肥、叶面施肥、无土栽培、浸种蘸根等用途的液体或固体肥料。

4　要求

水溶肥料汞、砷、镉、铅、铬元素限量应符合表1的要求。

表 1

单位：毫克每千克

项　　目	指　　标
汞（Hg）（以元素计）	≤5
砷（As）（以元素计）	≤10
镉（Cd）（以元素计）	≤10
铅（Pb）（以元素计）	≤50
铬（Cr）（以元素计）	≤50

5　试验方法

5.1　汞含量的测定

按 NY/T 1978 的规定执行。

5.2　砷含量的测定

按 NY/T 1978 的规定执行。

5.3　镉含量的测定

按 NY/T 1978 的规定执行。

5.4 铅含量的测定

按 NY/T 1978 的规定执行。

5.5 铬含量的测定

按 NY/T 1978 的规定执行。

6 检验规则

6.1 产品应由企业质量监督部门进行检验，生产企业应保证所有的销售产品均符合本标准的要求。每批产品应附有质量证明书，其内容按标识规定执行。

6.2 产品按批检验，以一次配料为一批，最大批量为 50 t。

6.3 固体或散装产品采样按 GB/T 6679 的规定执行。液体产品采样按 GB/T 6680 的规定执行。

6.4 将所采样品置于洁净、干燥的容器中，迅速混匀。取固体样品 600 g 或液体样品 600 mL，分装于两个洁净、干燥的容器中，密封并贴上标签，注明生产企业名称、产品名称、批号或生产日期、采样日期、采样人姓名。其中一瓶用于产品质量分析，另一瓶应保存至少两个月，以备复验。

6.5 固体样品经多次缩分后，取出约 100 g，将其迅速研磨至全部通过 0.50 mm 孔径筛(如样品潮湿，可通过 1.00 mm 筛子)，混合均匀，置于洁净、干燥的容器中，用于测定。

6.6 液体样品经多次摇动后，迅速取出约 100 mL，置于洁净、干燥的容器中，用于测定。

6.7 生产企业进行出厂检验时，如果检验结果有一项或一项以上指标不符合本标准要求，应重新从加倍采样批中采样进行复验。复验结果有一项或一项以上指标不符合本标准要求，则整批产品不应被验收合格。

6.8 产品质量合格判定，采用 GB/T 8170 中“修约值比较法”。

6.9 用户有权按本标准规定的检验规则和检验方法对所收到的产品进行核验。

6.10 当供需双方对产品质量发生异议需仲裁时，应按《产品质量仲裁检验和产品质量鉴定管理办法》的规定执行。

7 标识

7.1 产品质量证明书和包装标签应载明汞、砷、镉、铅、铬元素含量的最高标明值及其他应载明的内容。

7.2 其余按 NY 1979 的规定执行。

ICS 65.080
G 20

中华人民共和国农业行业标准

NY/T 1117—2010
代替 NY/T 1117—2006

水溶肥料　钙、镁、硫、氯含量的测定

Water-soluble fertilizers—
Determination of calcium, magnesium, sulphur and chlorine content

2010-12-23 发布　　　　2011-02-01 实施

中华人民共和国农业部　发布

前　言

本标准遵照 GB/T 1.1—2009 给出的规则起草。

本标准是对 NY/T 1117—2006《水溶肥料钙、镁、硫含量的测定》的修订。

本版与原版的主要差异是：

——增加了氯含量的测定方法。

本标准由中华人民共和国农业部提出并归口。

本标准起草单位：国家化肥质量监督检验中心（北京）、农业部肥料质量监督检验测试中心（济南）。

本标准主要起草人：刘蜜、孙又宁、范洪黎、保万魁、张跃、韩岩松、卢桂菊。

本标准自实施之日起，同时代替 NY/T 1117—2006。

本标准所代替标准的历次版本发布情况为：

——NY/T 1117—2006。

水溶肥料　钙、镁、硫、氯含量的测定

1　范围

本标准规定了水溶肥料钙、镁、硫、氯含量测定的试验方法。

本标准适用于液体或固体水溶肥料中钙、镁、硫、氯含量的测定。

2　规范性引用文件

下列文件对于本文件的应用是必不可少的。凡是注日期的引用文件，仅注日期的版本适用于本文件。凡是不注日期的引用文件，其最新版本(包括所有的修改单)适用于本文件。

GB/T 8170　数值修约规则与极限数值的表示和判定

GB/T 19203　复混肥料中钙、镁、硫含量的测定

HG/T 2843　化肥产品　化学分析中常用标准滴定溶液、标准溶液、试剂溶液和指示剂溶液

NY/T 887　液体肥料　密度的测定

3　钙含量的测定

3.1　原子吸收分光光度法(仲裁法)

3.1.1　原理

试样溶液中的钙在微酸性介质中，以一定量的锶盐作释放剂，在贫燃性空气—乙炔焰中原子化，所产生的原子蒸气吸收从钙空心阴极灯射出特征波长为 422.7 nm 的光，吸光度值与钙基态原子浓度成正比。

3.1.2　试剂和材料

本标准中所用试剂、水和溶液的配制，在未注明规格和配制方法时，均应符合 HG/T 2843 的规定。

3.1.2.1　盐酸。

3.1.2.2　盐酸溶液：1＋1。

3.1.2.3　氯化锶溶液：$\rho(SrCl_2)$＝60.9 g/L。称取 60.9 g $SrCl_2 \cdot 6H_2O$ 溶于 300 mL 水和 420 mL 盐酸溶液(3.1.2.2)中，用水定容至 1 000 mL，混匀。

3.1.2.4　钙标准储备液：$\rho(Ca)$＝1 mg/mL。

3.1.2.5　钙标准溶液：$\rho(Ca)$＝100 μg/mL。吸取钙标准储备液(3.1.2.4)10.00 mL 于 100 mL 容量瓶中，加入 10 mL 盐酸溶液(3.1.2.2)，用水定容，混匀。

3.1.2.6　溶解乙炔。

3.1.3　仪器

3.1.3.1　通常实验室仪器。

3.1.3.2　水平往复式振荡器或具有相同功效的振荡装置。

3.1.3.3　原子吸收分光光度计，附有空气—乙炔燃烧器及钙空心阴极灯。

3.1.4　分析步骤

3.1.4.1　试样的制备

固体样品经多次缩分后，取出约 100 g，将其迅速研磨至全部通过 0.50 mm 孔径筛(如样品潮湿，可通过 1.00 mm 筛子)，混合均匀，置于洁净、干燥的容器中；液体样品经多次摇动后，迅速取出约 100 mL，

置于洁净、干燥的容器中。

3.1.4.2 试样溶液的制备

3.1.4.2.1 固体试样

称取0.2 g～3 g试样(精确至0.000 1 g)置于250 mL容量瓶中,加水约150 mL,置于(25±5)℃振荡器内,在(180±20) r/min的振荡频率下振荡30 min。取出后用水定容,混匀,干过滤,弃去最初几毫升滤液后,滤液待测。

3.1.4.2.2 液体试样

称取0.2 g～3 g试样(精确至0.000 1 g)置于250 mL容量瓶中,用水定容,混匀,干过滤,弃去最初几毫升滤液后,滤液待测。

3.1.4.3 工作曲线的绘制

分别吸取钙标准溶液(3.1.2.5)0 mL、1.00 mL、2.00 mL、4.00 mL、8.00 mL、10.00 mL于六个100 mL容量瓶中,分别加入4 mL盐酸溶液(3.1.2.2)和10 mL氯化锶溶液(3.1.2.3),用水定容,混匀。此标准系列钙的质量浓度分别为0 μg/mL、1.0 μg/mL、2.0 μg/mL、4.0 μg/mL、8.0 μg/mL、10.0 μg/mL。在选定最佳工作条件下,于波长422.7 nm处,使用贫燃性空气—乙炔火焰,以钙含量为0 μg/mL的标准溶液为参比溶液调零,测定各标准溶液的吸光值。

以各标准溶液钙的质量浓度(μg/mL)为横坐标,相应吸光值为纵坐标,绘制工作曲线。

注:可根据不同仪器灵敏度调整标准曲线的质量浓度。

3.1.4.4 测定

吸取一定体积的试样溶液于100 mL容量瓶内,加入4 mL盐酸溶液(3.1.2.2)和10 mL氯化锶溶液(3.1.2.3),用水定容,混匀。在与测定标准系列溶液相同的仪器条件下,测定其吸光值,在工作曲线上查出相应钙的质量浓度(μg/mL)。

3.1.4.5 空白试验

除不加试样外,其他步骤同试样溶液的测定。

3.1.5 分析结果的表述

钙(Ca)含量 w_1 以质量分数(%)表示,按式(1)计算:

$$w_1 = \frac{(\rho - \rho_0) D \times 250}{m \times 10^6} \times 100 \quad \cdots\cdots (1)$$

式中:

ρ——由工作曲线查出的试样溶液钙的质量浓度,单位为微克每毫升(μg/mL);

ρ_0——由工作曲线查出的空白溶液中钙的质量浓度,单位为微克每毫升(μg/mL);

D——测定时试样溶液的稀释倍数;

250——试样溶液的体积,单位为毫升(mL);

m——试料的质量,单位为克(g);

10^6——将克换算成微克的系数。

取平行测定结果的算术平均值为测定结果,结果保留到小数点后两位。

3.1.6 允许差

平行测定结果的相对相差不大于10%。

不同实验室测定结果的相对相差不大于30%。

当测定结果小于0.15%时,平行测定结果及不同实验室测定结果相对相差不计。

注:相对相差为两次测量值相差与两次测量值均值之比,下同。

3.1.7 质量浓度的换算

液体肥料钙(Ca)含量 ρ(Ca)以质量浓度(g/L)表示,按式(2)计算:

$$\rho(Ca)=10w_1\rho \qquad (2)$$

式中：

w_1——试样中钙的质量分数(%)；

ρ——液体试样的密度，单位为克每毫升(g/mL)。

密度的测定按 NY/T 887 的规定执行。

结果保留到小数点后一位。

3.2 等离子体发射光谱法

3.2.1 原理

试样溶液中的钙在 ICP 光源中原子化并激发至高能态，处于高能态的原子跃迁至基态时产生具有特征波长的电磁辐射，辐射强度与钙原子浓度成正比。

3.2.2 试剂和材料

3.2.2.1 钙标准溶液：$\rho(Ca)=1$ mg/mL。

3.2.2.2 高纯氩气。

3.2.3 仪器

3.2.3.1 通常实验室仪器。

3.2.3.2 水平往复式振荡器或具有相同功效的振荡装置。

3.2.3.3 等离子体发射光谱仪。

3.2.4 分析步骤

3.2.4.1 试样的制备

按 3.1.4.1 的规定执行。

3.2.4.2 试样溶液的制备

按 3.1.4.2 的规定执行。

3.2.4.3 工作曲线的绘制

分别吸取钙标准溶液(3.2.2.1)0 mL、0.50 mL、1.00 mL、4.00 mL、8.00 mL、10.00 mL 于六个 100 mL 容量瓶中，用水定容，混匀。此标准系列钙的质量浓度分别为 0 μg/mL、5.0 μg/mL、10.0 μg/mL、40.0 μg/mL、80.0 μg/mL、100.0 μg/mL。

测定前，根据待测元素性质和仪器性能，进行氩气流量、观测高度、射频发生器功率、积分时间等测量条件优化。然后，用等离子体发射光谱仪在波长 317.933 nm 处测定各标准溶液的辐射强度。以各标准溶液钙的质量浓度(μg/mL)为横坐标，相应的辐射强度为纵坐标，绘制工作曲线。

注：可根据不同仪器灵敏度调整标准曲线的质量浓度。

3.2.4.4 测定

试样溶液直接(或适当稀释后)，在与测定标准系列溶液相同的条件下，测得钙的辐射强度，在工作曲线上查出相应钙的质量浓度(μg/mL)。

3.2.4.5 空白试验

除不加试样外，其他步骤同试样溶液的测定。

3.2.5 分析结果的表述

按 3.1.5 的规定执行。

3.2.6 允许差

按 3.1.6 的规定执行。

3.2.7 质量浓度的换算

按 3.1.7 的规定执行。

3.3 乙二胺四乙酸二钠容量法

本方法试样制备按 3.1.4.1 的规定执行，试样溶液制备按 3.1.4.2 的规定执行，分析方法按 GB/T 19203 的规定执行。

4 镁含量的测定

4.1 原子吸收分光光度法(仲裁法)

4.1.1 原理

试样溶液中的镁在微酸性介质中，以一定量的锶盐作释放剂，在贫燃性空气—乙炔焰中原子化，所产生的原子蒸气吸收从镁空心阴极灯射出特征波长为 285.2 nm 的光，吸光度值与镁基态原子浓度成正比。

4.1.2 试剂和材料

本标准中所用试剂、水和溶液的配制，在未注明规格和配制方法时，均应符合 HG/T 2843 的规定。

4.1.2.1 盐酸。

4.1.2.2 盐酸溶液：1+1。

4.1.2.3 氯化锶溶液：$\rho(SrCl_2)$=60.9 g/L。称取 60.9 g 氯化锶($SrCl_2 \cdot 6H_2O$)溶于 300 mL 水和 420 mL 盐酸溶液(4.1.2.2)中，用水定容至 1 000 mL，混匀。

4.1.2.4 镁标准储备液：$\rho(Mg)$=1 mg/mL。

4.1.2.5 镁标准溶液：$\rho(Mg)$=100 μg/mL。准确吸取镁标准储备液(4.1.2.4)10.00 mL 于 100 mL 容量瓶中，加入 10 mL 盐酸溶液(4.1.2.2)，用水定容，混匀。

4.1.2.6 溶解乙炔。

4.1.3 仪器

4.1.3.1 通常实验室仪器。

4.1.3.2 水平往复式振荡器或具有相同功效的振荡装置。

4.1.3.3 原子吸收分光光度计：附有空气—乙炔燃烧器及镁空心阴极灯。

4.1.4 分析步骤

4.1.4.1 试样的制备

固体样品经多次缩分后，取出约 100 g，将其迅速研磨至全部通过 0.50 mm 孔径筛(如样品潮湿，可通过 1.00 mm 筛子)，混合均匀，置于洁净、干燥的容器中；液体样品经多次摇动后，迅速取出约 100 mL，置于洁净、干燥的容器中。

4.1.4.2 试样溶液的制备

4.1.4.2.1 固体试样

称取 0.2 g～3 g 试样(精确至 0.000 1 g)置于 250 mL 容量瓶中，加水约 150 mL，置于(25±5)℃振荡器内，在(180±20) r/min 的振荡频率下振荡 30 min。取出后用水定容，混匀，干过滤，弃去最初几毫升滤液后，滤液待测。

4.1.4.2.2 液体试样

称取 0.2 g～3 g 试样(精确至 0.000 1 g)置于 250 mL 容量瓶中，用水定容，混匀，干过滤，弃去最初几毫升滤液后，滤液待测。

4.1.4.3 工作曲线的绘制

分别吸取镁标准溶液(4.1.2.5)0 mL、1.00 mL、2.00 mL、4.00 mL、8.00 mL、10.00 mL 于六个 100 mL 容量瓶中，分别加入 4 mL 盐酸溶液(4.1.2.2)和 10 mL 氯化锶溶液(4.1.2.3)，用水定容，混匀。此标准系列镁的质量浓度分别为 0 μg/mL、1.0 μg/mL、2.0 μg/mL、4.0 μg/mL、8.0 μg/mL、10.0 μg/

mL。在选定最佳工作条件下，于波长 285.2 nm 处，使用贫燃性空气—乙炔火焰，以镁含量为 0 μg/mL 的标准溶液为参比溶液调零，测定各标准溶液的吸光值。

以各标准溶液镁的质量浓度（μg/mL）为横坐标，相应的吸光值为纵坐标，绘制工作曲线。

注：可根据不同仪器灵敏度调整标准曲线的质量浓度。

4.1.4.4 **测定**

吸取一定体积的试样溶液于 100 mL 容量瓶内，加入 4 mL 盐酸溶液（4.1.2.2）和 10 mL 氯化锶溶液（4.1.2.3），用水定容，混匀。在与测定标准系列溶液相同的仪器条件下，测定其吸光值，在工作曲线上查出相应镁的质量浓度（μg/mL）。

4.1.4.5 **空白试验**

除不加试样外，其他步骤同试样溶液的测定。

4.1.5 **分析结果的表述**

镁（Mg）含量 w_2 以质量分数（%）表示，按式（3）计算：

$$w_2=\frac{(\rho-\rho_0)D\times 250}{m\times 10^6}\times 100 \quad (3)$$

式中：

ρ——由工作曲线查出的试样溶液镁的质量浓度，单位为微克每毫升（μg/mL）；

ρ_0——由工作曲线查出的空白溶液中镁的质量浓度，单位为微克每毫升（μg/mL）；

D——测定时试样溶液的稀释倍数；

250——试样溶液的体积，单位为毫升（mL）；

m——试料的质量，单位为克（g）；

10^6——将克换算成微克的系数。

取平行测定结果的算术平均值为测定结果，结果保留到小数点后两位。

4.1.6 **允许差**

平行测定结果的相对相差不大于 10%。

不同实验室测定结果的相对相差不大于 30%。

当测定结果小于 0.15%时，平行测定结果及不同实验室测定结果相对相差不计。

4.1.7 **质量浓度的换算**

镁（Mg）含量 $\rho(Mg)$ 以质量浓度（g/L）表示，按式（4）计算：

$$\rho(Mg)=10w_2\rho \quad (4)$$

式中：

w_2——试样中镁的质量分数（%）；

ρ——液体试样的密度，单位为克每毫升（g/mL）。

密度的测定按 NY/T 887 的规定执行。

结果保留到小数点后一位。

4.2 **等离子体发射光谱法**

4.2.1 **原理**

试样溶液中的镁在 ICP 光源中原子化并激发至高能态，处于高能态的原子跃迁至基态时产生具有特征波长的电磁辐射，辐射强度与镁原子浓度成正比。

4.2.2 **试剂和材料**

本标准中所用试剂、水和溶液的配制，在未注明规格和配制方法时，均应符合 HG/T 2843 的规定。

4.2.2.1 镁标准溶液：$\rho(Mg)=1$ mg/mL。

4.2.2.2 高纯氩气。

4.2.3 仪器

4.2.3.1 通常实验室仪器。

4.2.3.2 水平往复式振荡器或具有相同功效的振荡装置。

4.2.3.3 等离子体发射光谱仪。

4.2.4 分析步骤

4.2.4.1 试样的制备

按 4.1.4.1 的规定执行。

4.2.4.2 试样溶液的制备

按 4.1.4.2 的规定执行。

4.2.4.3 工作曲线的绘制

分别吸取镁标准溶液(4.2.2.1)0 mL、0.50 mL、1.00 mL、4.00 mL、8.00 mL、10.00 mL 于六个 100 mL 容量瓶中，用水定容，混匀。此标准系列镁的质量浓度分别为 0 μg/mL、5.0 μg/mL、10.0 μg/mL、40.0 μg/mL、80.0 μg/mL、100.0 μg/mL。

测定前，根据待测元素性质和仪器性能，进行氩气流量、观测高度、射频发生器功率、积分时间等测量条件优化。然后，用等离子体发射光谱仪在波长 285.213 nm 处测定各标准溶液的辐射强度。以各标准溶液镁的质量浓度(μg/mL)为横坐标，相应的辐射强度为纵坐标，绘制工作曲线。

注：可根据不同仪器灵敏度调整标准曲线的质量浓度。

4.2.4.4 测定

试样溶液直接(或适当稀释后)，在与测定标准系列溶液相同的条件下，测得镁的辐射强度，在工作曲线上查出相应镁的质量浓度(μg/mL)。

4.2.4.5 空白试验

除不加试样外，其他步骤同试样溶液的测定。

4.2.5 分析结果的表述

按 4.1.5 的规定执行。

4.2.6 允许差

按 4.1.6 的规定执行。

4.2.7 质量浓度的换算

按 4.1.7 的规定执行。

4.3 乙二胺四乙酸二钠容量法

本方法试样制备按 4.1.4.1 的规定执行，试样溶液制备按 4.1.4.2 的规定执行，分析方法按 GB/T 19203 的规定执行。

5 硫含量的测定

5.1 重量法(仲裁法)

5.1.1 原理

在酸性溶液中，硫酸根和钡离子生成难溶的 $BaSO_4$ 沉淀，用重量法测定硫的含量。

5.1.2 试剂和材料

本标准中所用试剂、水和溶液的配制，在未注明规格和配制方法时，均应符合 HG/T 2843 的规定。

5.1.2.1 盐酸溶液：1+1。

5.1.2.2 硝酸溶液：1+1。

5.1.2.3 氨水溶液：1+1。

5.1.2.4 氯化钡溶液:$c(BaCl_2)$=0.5 mol/L。称取 122 g 氯化钡($BaCl_2 \cdot 2H_2O$)于 800 mL 水中,使之溶解,稀释至 1 L,混匀。

5.1.2.5 硝酸银溶液:$\rho(AgNO_3)$=5 g/L。称取 0.5 g 硝酸银溶于 100 mL 水中,加入 2 滴~3 滴硝酸溶液,混匀,贮存于棕色瓶中。

5.1.2.6 乙二胺四乙酸二钠溶液:ρ(EDTA)=10 g/L。称取 10 g 乙二胺四乙酸二钠溶于水中,稀释至 1 L,混匀。

5.1.2.7 甲基红指示液:ρ(甲基红)=10 g/L。称取 1 g 甲基红溶于 100 mL 95%乙醇中。

5.1.3 仪器

5.1.3.1 通常实验室仪器。

5.1.3.2 水平往复式振荡器或具有相同功效的振荡装置。

5.1.3.3 干燥箱:温度可控制在(180±2)℃。

5.1.3.4 玻璃坩埚式滤器:4 号,容积 30 mL。

5.1.4 分析步骤

5.1.4.1 试样的制备

固体样品经多次缩分后,取出约 100 g,将其迅速研磨至全部通过 0.50 mm 孔径筛(如样品潮湿,可通过 1.00 mm 筛子),混合均匀,置于洁净、干燥的容器中;液体样品经多次摇动后,迅速取出约 100 mL,置于洁净、干燥容器中。

5.1.4.2 试样溶液的制备

5.1.4.2.1 固体试样

称取 2 g~5 g 试样(精确至 0.000 1 g)置于 250 mL 容量瓶中,加水约 150 mL,置于(25±5)℃振荡器内,在(180±20) r/min 的振荡频率下振荡 30 min。取出后用水定容,混匀,干过滤,弃去最初几毫升滤液后,滤液待测。

5.1.4.2.2 液体试样

称取 2 g~5 g 试样(精确至 0.000 1 g)置于 250 mL 容量瓶中,用水定容,混匀,干过滤,弃去最初几毫升滤液后,滤液待测。

5.1.4.3 测定

吸取一定体积的试样溶液(含硫 40 mg~240 mg)于 400 mL 的烧杯中,加入 2 滴~3 滴甲基红指示液(5.1.2.7),用氨水溶液(5.1.2.3)调至试样溶液有沉淀生成或试样溶液呈橙黄色;加入 4 mL 盐酸溶液(5.1.2.1)和 5 mL 乙二胺四乙酸二钠溶液(5.1.2.6),用水稀释至 200 mL;盖上表面皿,放在电热板上加热近沸,取下;在搅拌下逐滴加入 20 mL 氯化钡溶液(5.1.2.4),继续加热使其慢慢沸腾 3 min~5 min 后,盖上表面皿,在电热板上或水浴(约 60℃)中保温 1 h,使沉淀陈化,冷却至室温。

用已在 180℃±2℃下干燥至恒重的过滤器过滤沉淀,以倾泻法过滤。然后,用温水洗涤沉淀至滤液中无 Cl^-[用硝酸银溶液(5.1.2.5)检验滤液,至不出现浑浊],再用温水洗涤沉淀 4 次~5 次。将沉淀连同过滤器置于 180℃±2℃干燥箱内,待温度达到 180℃后,干燥 1 h,取出移入干燥器内,冷却至室温,称量。

5.1.4.4 空白试验

除不加试样外,其他步骤同试样溶液的测定。

5.1.5 分析结果的表述

硫(以 S 计)含量 w_3,以质量分数(%)表示,按式(5)计算:

$$w_3=\frac{(m_2-m_1)\times 250\times 0.137\,4}{mV}\times 100=\frac{(m_2-m_1)\times 3\,435}{mV} \quad\cdots\cdots\cdots\cdots (5)$$

式中：

m_2——测定时沉淀的质量，单位为克(g)；

m_1——空白试验中沉淀的质量，单位为克(g)；

250——试样溶液的体积，单位为毫升(mL)；

0.137 4——硫(S)的摩尔质量与硫酸钡($BaSO_4$)的摩尔质量的比值；

m——试料的质量，单位为克(g)；

V——吸取的试样溶液体积，单位为毫升(mL)。

取平行测定结果的算术平均值作为测定结果，结果保留到小数点后两位。

5.1.6 允许差

平行测定结果的绝对差值不大于 0.20%。

不同实验测定结果的绝对差值不大于 0.40%。

5.1.7 质量浓度的换算

液体肥料硫(S)含量 ρ(S)以质量浓度(g/L)表示，按式(6)计算：

$$\rho(S)=10w_3\rho \qquad (6)$$

式中：

w_3——试样中硫的质量分数(%)；

ρ——液体试样的密度，单位为克每毫升(g/mL)。

密度的测定按 NY/T 887 的规定执行。

结果保留到小数点后一位。

5.2 等离子体发射光谱法

5.2.1 原理

试样溶液中的硫在 ICP 光源中原子化并激发至高能态，处于高能态的原子跃迁至基态时产生具有特征波长的电磁辐射，辐射强度与硫原子浓度成正比。

5.2.2 试剂和材料

本标准中所用试剂、水和溶液的配制，在未注明规格和配制方法时，均应符合 HG/T 2843 的规定。

5.2.2.1 硫标准溶液：ρ(S)=1 mg/mL。

5.2.2.2 高纯氩气。

5.2.3 仪器

5.2.3.1 通常实验室仪器。

5.2.3.2 水平往复式振荡器或具有相同功效的振荡装置。

5.2.3.3 等离子体发射光谱仪。

5.2.4 分析步骤

5.2.4.1 试样的制备

按 5.1.4.1 的规定执行。

5.2.4.2 试样溶液的制备

称取 0.2 g~3 g 试样(精确至 0.000 1 g)，其余按 5.1.4.2 的规定执行。

5.2.4.3 工作曲线的绘制

分别吸取硫标准溶液(5.2.2.1)0 mL、0.50 mL、1.00 mL、4.00 mL、8.00 mL、10.00 mL 于六个 100 mL 容量瓶中，用水定容，混匀。此标准系列硫的质量浓度分别为 0 μg/mL、5.0 μg/mL、10.0 μg/mL、40.0 μg/mL、80.0 μg/mL、100.0 μg/mL。

测定前，根据待测元素性质和仪器性能，进行氩气流量、观测高度、射频发生器功率、积分时间等测量条件优化。然后，用等离子体发射光谱仪在波长 181.972 nm 处测定各标准溶液的辐射强度。以各标准溶液硫的质量浓度(μg/mL)为横坐标，相应的辐射强度为纵坐标，绘制工作曲线。

注：可根据不同仪器灵敏度调整标准曲线的质量浓度。

5.2.4.4 测定

试样溶液直接(或适当稀释后)，在与测定标准系列溶液相同的条件下，测得硫的辐射强度，在工作曲线上查出相应硫的质量浓度(μg/mL)。

5.2.4.5 空白试验

除不加试样外，其他步骤同试样溶液的测定。

5.2.5 分析结果的表述

硫(S)含量 w_3 以质量分数(%)表示，按式(7)计算：

$$w_3=\frac{(\rho-\rho_0)D\times 250}{m\times 10^6}\times 100 \quad\cdots\cdots(7)$$

式中：

ρ——由工作曲线查出的试样溶液硫的质量浓度，单位为微克每毫升(μg/mL)；

ρ_0——由工作曲线查出的空白溶液中硫的质量浓度，单位为微克每毫升(μg/mL)；

D——测定时试样溶液的稀释倍数；

250——试样溶液的体积，单位为毫升(mL)；

m——试料的质量，单位为克(g)；

10^6——将克换算成微克的系数。

取平行测定结果的算术平均值为测定结果，结果保留到小数点后两位。

5.2.6 允许差

平行测定结果的相对相差不大于 10%。

不同实验室测定结果的相对相差不大于 30%。

当测定结果小于 0.15%时，平行测定结果及不同实验室测定结果相对相差不计。

5.2.7 质量浓度的换算

按 5.1.7 的规定执行。

6 氯离子含量的测定 自动电位滴定法

6.1 原理

以银电极为指示电极，用硝酸银标准滴定溶液滴定氯离子，借助自动电位滴定仪的电位突变确定反应终点，由消耗的硝酸银标准滴定溶液体积计算氯离子含量。

6.2 试剂和材料

本标准中所用试剂、水和溶液的配制，在未注明规格和配制方法时，均应符合 HG/T 2843 的规定。

6.2.1 硝酸银溶液：$c(AgNO_3)=0.01$ mol/L。称取 1.7 g 硝酸银溶于水中，定容至 1 000 mL，贮存于棕色瓶中。

6.2.2 氯离子标准溶液：$\rho(Cl^-)=1$ mg/mL。准确称取 1.648 7 g 经 270℃～300℃烘干 4 h 的基准氯化钠于 100 mL 烧杯中，用水溶解后转移至 1 000 mL 容量瓶中，定容，混匀，贮存于塑料瓶中。

6.3 仪器

6.3.1 通常实验室仪器。

6.3.2 自动电位滴定仪，配有银电极。

6.4 分析步骤

6.4.1 试样的制备

固体样品经多次缩分后，取出约 100 g，将其迅速研磨至全部通过 0.50 mm 孔径筛（如样品潮湿，可通过 1.00 mm 筛子），混合均匀，置于洁净、干燥的容器中；液体样品经多次摇动后，迅速取出约 100 mL，置于洁净、干燥的容器中。

6.4.2 空白试验

按仪器说明书进行空白值测定。

6.4.3 硝酸银溶液的标定

准确吸取 3.0 mL 氯离子标准溶液(6.2.2)于滴定杯中，加水至液面没过电极后标定。两次标定值的相对相差应不大于 0.5%。

6.4.4 测定

称取试样 0.1 g～3 g(精确至 0.000 1 g)于自动电位滴定仪的滴定杯中，加水至液面没过电极，用已标定的硝酸银溶液(6.2.1)进行滴定。若氯离子含量过高，可稀释一定倍数后测定。

6.5 分析结果的表述

氯离子(Cl^-)含量 w_4 以其质量分数(%)表示，按式(8)计算：

$$w_4=\frac{(V_1-V_2)cD\times 0.035\,45}{m}\times 100 \qquad (8)$$

式中：

V_1——测定试样时，消耗硝酸银标准滴定溶液的体积，单位为毫升(mL)；

V_2——测定空白时，消耗硝酸银标准滴定溶液的体积，单位为毫升(mL)；

c——硝酸银标准滴定溶液的浓度，单位为摩尔每升(mol/L)；

D——测定时试样溶液的稀释倍数；

0.035 45——与 1.00 mL 硝酸银准滴定溶液[$c(AgNO_3)=1.000$ mol/L]相当的以克表示的氯离子的质量，单位为克每毫摩尔(g/mmol)；

m——试料的质量，单位为克(g)。

取平行测定结果的算术平均值为测定结果，结果保留到小数点后两位。

6.6 允许差

平行测定结果的绝对差值应符合表 1 要求。

表 1

氯离子(Cl^-)质量分数，%	$w_4<5.00$	$5.00\leqslant w_4\leqslant 25.00$	$w_4>25.00$
绝对差值，%	≤0.20	≤0.30	≤0.40

不同实验室测定结果的绝对差值应符合表 2 要求。

表 2

氯离子(Cl^-)质量分数，%	$w_4<5.00$	$5.00\leqslant w_4\leqslant 25.00$	$w_4>25.00$
绝对差值，%	≤0.30	≤0.40	≤0.60

6.7 质量浓度的换算

液体肥料氯离子含量 $\rho(Cl^-)$ 以质量浓度(g/L)表示，按式(9)计算：

$$\rho(Cl^-)=10w_4\rho \qquad (9)$$

式中：

w_4——试样中氯离子的质量分数(%)；

ρ——液体试样的密度，单位为克每毫升(g/mL)。

密度的测定按 NY/T 887 的规定执行。

结果保留到小数点后一位。

ICS 65.020
B 11

中华人民共和国农业行业标准

NY/T 1121.22—2010

土壤检测
第22部分：土壤田间持水量的测定——环刀法

Soil testing—
Part 22：Cutting ring method for determination of field water-holding capacity in soil

2010-07-08 发布　　2010-09-01 实施

中华人民共和国农业部　发布

前　言

本部分遵照 GB/T 1.1—2009 给出的规则起草。

NY/T 1121《土壤检测》为系列标准,本部分为 NY/T 1121 的第 22 部分。

本部分由中华人民共和国农业部提出并归口。

本部分起草单位:全国农业技术推广服务中心、农业部肥料质量监督检验测试中心(郑州)、北京市土肥工作站、农业部肥料质量监督检验测试中心(武汉)、农业部肥料质量监督检验测试中心(南宁)、农业部肥料质量监督检验测试中心(沈阳)、农业部肥料质量监督检验测试中心(成都)、太原土肥测试中心、农业部农产品质量监督检验测试中心(合肥)。

本部分主要起草人:辛景树、马常宝、任意、王小琳、李昌伟、胡劲红、余焘、王颖、宋文琪、阎爱东、张一凡、谭晓东、王玮。

土壤检测
第22部分:土壤田间持水量的测定—环刀法

1 范围

本部分适用于各类土壤田间持水量的测定。

2 规范性引用文件

下列文件对于本文件的应用是必不可少的。凡是注日期的引用文件,仅注日期的版本适用于本文件。凡是不注日期的引用文件,其最新版本(包括所有的修改单)适用于本文件。

GB/T 6682 分析实验室用水规格和试验方法

GB 8170 数值修约规则与极限数值的表示和判定

NY/T 52 土壤水分测定法

NY/T 1121.1 土壤样品的采集、处理和贮存

NY/T 1121.4 土壤容重的测定

3 术语和定义

下列术语和定义适用于本文件。

3.1

土壤田间持水量 soil field water-holding capacity

在地下水较深和排水良好的土壤上充分灌水或降水后,允许水分充分下渗,并防止蒸发。经过一定时间,土壤剖面所能维持的较稳定的土壤水含量,是土壤中所能保持悬着水的最大量,是对作物有效的最高的土壤水含量。

4 方法提要

将浸泡饱和的原状土置于风干土上,使风干土吸去原状土中的重力水后,再用NY/T 52中的烘干法测定含水量。

本方法所用水为GB/T 6682中规定的三级水。

5 仪器与设备

5.1 天平(感量0.01 g,0.000 1 g)。

5.2 环刀(容积:100 cm^3)。

5.3 标准筛(孔径2 mm)。

5.4 电热恒温干燥箱。

5.5 中号铝盒。

5.6 干燥器。

6 分析步骤

6.1 按NY/T 1121.1和NY/T 1121.4规定的方法在野外用环刀采集原状土壤样品(取样时,应避开

石块、作物根系或杂物)，带回室内。将环刀有孔盖一面向下、无孔盖一面向上放入平底容器中，缓慢加水，保持水面比环刀上缘低 1 mm～2 mm 处，浸泡 24 h。

6.2 在与测定土壤样品相同的土层处，另取一些土壤样品，除去较大石块或杂物，风干、磨碎、通过孔径 2 mm 筛后，装入无孔底盖的环刀中，轻拍、压实，保持土壤表面平整并高出环刀边缘 1 mm～2 mm，并在上面覆盖一张略大于环刀口外径的滤纸，置于水平台上。

6.3 将装有经水分充分饱和的原状土样环刀从浸泡容器中取出，移去底部有孔的盖子，把此环刀放在盖有滤纸的装有风干试样的环刀上，将两个环刀边缘对接整齐并用 2 kg 左右重物压实，使其接触紧密。

6.4 经过 8 h 水分下渗过程后，取上层环刀中的原状土 15 g～20 g，放入已恒重的铝盒(m_0)，立即称重(精确至 0.01 g)(m_1)。在 105℃±2℃烘干至恒重(约 12 h)，取出后放入干燥器内冷却至室温，称重(精确至 0.01 g)(m_2)，计算水分含量，此值即为土壤田间持水量。

7 结果计算

土壤田间持水量以质量分数(g/kg)表示，按式(1)计算：

$$X = \frac{(m_1 - m_2) \times 1\,000}{m_2 - m_0} \qquad (1)$$

式中：

X——土壤田间持水量，单位为克每千克(g/kg)；

m_0——烘干空铝盒质量，单位为克(g)；

m_1——烘干前铝盒及试样的质量，单位为克(g)；

m_2——烘干后铝盒及试样的质量，单位为克(g)。

平行测定结果以算术平均值表示，结果取整数。

数值修约按 GB 8170 的规定进行。

8 精密度

平行测定结果的允许绝对相差≤10 g/kg。

ICS 65.020
B 11

中华人民共和国农业行业标准

NY/T 1121.23—2010

土壤检测
第23部分：土粒密度的测定

Soil testing—
Part 23：Method for determination of soil particle density

2010-07-08 发布　　2010-09-01 实施

中华人民共和国农业部　发布

前　言

本部分遵照 GB/T 1.1—2009 给出的规则起草。

NY/T 1121《土壤检测》为系列标准，本部分为 NY/T 1121 的第 23 部分。

本部分由中华人民共和国农业部提出并归口。

本部分起草单位：全国农业技术推广服务中心、农业部肥料质量监督检验测试中心（济南）、农业部肥料质量监督检验测试中心（杭州）、农业部肥料质量监督检验测试中心（郑州）、农业部肥料质量监督检验测试中心（石家庄）。

本部分主要起草人：辛景树、任意、郑磊、侯晓芳、李桂荣、边武英、管泽民、吕英华、段霄燕、谢驾阳。

土壤检测
第23部分：土粒密度的测定

1 范围

NY/T 1121的本部分规定了土粒密度的测定方法。

本部分适用于各类土壤中土粒密度的测定。

2 规范性引用文件

下列文件对于本文件的应用是必不可少的。凡是注日期的引用文件，仅注日期的版本适用于本文件。凡是不注日期的引用文件，其最新版本(包括所有的修改单)适用于本文件。

GB/T 6682 分析实验室用水规格和试验方法

GB 8170 数值修约规则与极限数值的表示和判定

NY/T 52 土壤水分测定法

3 术语和定义

下列术语和定义适用于本文件。

3.1

土粒密度 soil particle density

是土壤颗粒质量与其体积之比，即土粒单位体积的质量。

4 方法提要

将已知质量的土壤样品放入水中，排尽空气，求出由土壤置换出的液体的体积。以烘干土质量除以求得的土壤固相体积，即得土粒密度。

本试验方法所用水为GB/T 6682中规定的三级水。

5 仪器与设备

5.1 天平(感量0.001 g)。

5.2 电热板(温度可控)。

5.3 比重瓶(100 mL)。

5.4 温度计(0℃～50℃，精度0.1℃)。

6 试剂和溶液

无二氧化碳水：将水注入烧瓶中(水量不超过烧瓶体积的2/3)，煮沸10 min，放置冷却，用装有碱石灰干燥管的橡皮塞塞进。如制备10 L～20 L较大体积的无二氧化碳的水，可插入一玻璃管到底部，通氮气到水中1 h～2 h，以除去被水吸收的二氧化碳。

7 分析步骤

7.1 称取比重瓶质量(m_0)(精确到0.001 g)。

7.2 称取通过 2 mm 筛孔风干土壤样品 10 g±0.5 g，经小漏斗装入比重瓶中并称重（精确到 0.001 g）(m_3)。同时，按 NY/T 52 规定的方法测定土壤样品含水量。

7.3 向装有试样的比重瓶中缓缓注入水至比重瓶约 1/3 处，边注水边摇动，使土粒充分浸润，将未加瓶塞的比重瓶放在电热板上加热，沸腾后保持微沸 1 h 并经常摇动以驱除空气，冷却至室温。

7.4 注入无二氧化碳水至比重瓶瓶颈为止。待比重瓶内悬液澄清后，注满无二氧化碳水，塞好瓶塞，使多余的水自瓶塞毛细管中溢出，用滤纸擦干后立即称重(m_2)，并用温度计测定比重瓶内的水温(T_1)。

7.5 将比重瓶中土液倒出，洗净比重瓶，注满无二氧化碳水，测量比重瓶内水温(T_2)，注水至瓶口，塞上毛细管塞，擦干瓶外壁后立即称重(m_4)。若比重瓶事先都经过校正，在测定时便可省去此步骤。

测定的土壤含水溶盐或较多的活性胶体时，土壤样品应先在 105℃烘干，并用非极性液体代替水，用真空抽气法驱逐土壤样品及液体中的空气。抽气过程要保持接近一个大气压的负压，经常摇动比重瓶，直至无气泡逸出为止。其余步骤同上。

8 结果计算

土粒密度(d_s)以 g/cm³ 表示，按式(1)计算：

$$d_s = \frac{m}{m_1 + m - m_2} \times d_{w1} \qquad (1)$$

式中：

m——烘干试样质量，单位为克(g)；

m_1——T_1 时瓶＋水质量，单位为克(g)；

m_2——T_1 时瓶＋水＋风干试样质量，单位为克(g)；

d_{w1}——T_1 时水的密度，单位为克每立方厘米(g/cm³)；

式(1)中的烘干试样质量(m)从式(2)求得：

$$m = (m_3 - m_0) \times \frac{100}{100 + w} \qquad (2)$$

式中：

w——试样含水量(烘干基)，单位为百分率(%)；

m_3——比重瓶＋风干试样质量，单位为克(g)；

m_0——比重瓶质量，单位为克(g)；

如 $T_1 = T_2$，则 $m_1 = m_4$，m_4 不需校正，直接代入(1)式中计算。否则，应将 T_2 时的 m_4 校正为 T_1 时的 m_1。可由表 1 查出 T_1、T_2 时水的密度，按式(3)求得。先求出比重瓶体积(V_p)

$$V_p = \frac{m_4 - m_0}{d_{w2}} \qquad (3)$$

式中：

d_{w2}——T_2 时水的密度，单位为克每立方厘米。

校正至 T_1 时的瓶＋水质量(m_1)，由式(4)计算：

$$m_1 = m_4 + (d_{w1} - d_{w2}) \times V_p \qquad (4)$$

平行测定结果以算术平均值表示，保留两位小数。

数值修约按 GB 8170 的规定进行。

9 精密度

平行测定结果允许绝对相差≤0.02 g/cm³。

表 1　不同温度下水的密度(g/cm^3)

温度,℃	密度	温度,℃	密度	温度,℃	密度	温度,℃	密度
0.0～1.5	0.999 9	18.0	0.998 6	25.5	0.996 9	33.0	0.994 7
2.0～6.5	1.000 0	18.5	0.998 5	26.0	0.996 8	33.5	0.994 6
7.0～8.0	0.999 9	19.0	0.998 4	26.5	0.996 7	34.0	0.994 4
8.5～9.5	0.999 8	19.5	0.998 3	27.0	0.996 5	34.5	0.994 2
10.0～10.5	0.999 7	20.0	0.998 2	27.5	0.996 4	35.0	0.994 1
11.0～11.5	0.999 6	20.5	0.998 1	28.0	0.996 3	35.5	0.993 9
12.0～12.5	0.999 5	21.0	0.998 0	28.5	0.996 1	36.0	0.993 7
13.0	0.999 4	21.5	0.997 9	29.0	0.996 0	36.5	0.993 5
13.5～14.0	0.999 3	22.0	0.997 8	29.5	0.995 8	37.0	0.993 4
14.5	0.999 2	22.5	0.997 7	30.0	0.995 7	37.5	0.993 2
15.0	0.999 1	23.0	0.997 6	30.5	0.995 5	38.0	0.993 0
15.5～16.0	0.999 0	23.5	0.997 4	31.0	0.995 4	38.5	0.992 8
16.5	0.998 9	24.0	0.997 3	31.5	0.995 2	39.0	0.992 6
17.0	0.998 8	24.5	0.997 2	32.0	0.995 1	39.5	0.992 4
17.5	0.998 7	25.0	0.997 1	32.5	0.994 9	40.0	0.992 2

ICS 65.080
G 21

中华人民共和国农业行业标准

NY 1428—2010
代替 NY 1428—2007

微量元素水溶肥料

Water-soluble fertilizers containing micronutrients

2010-12-23 发布　　　　2011-02-01 实施

中华人民共和国农业部　发布

前　言

本标准遵照 GB/T 1.1—2009 给出的规则起草。

本标准第 4 章、第 6 章、第 7 章和第 8 章为强制性条款，其余为推荐性条款。

本标准是对 NY 1428—2007《微量元素水溶肥料》的修订。

本标准与 NY 1428—2007 的主要差异是：

——修订微量元素种类由至少两种改为至少包含一种微量元素；

——pH 由 3.0～7.0 修订为 3.0～10.0；

——增加质量证明书的载明内容要求；

——修订单一微量元素测定值与标明值正负偏差要求；

——增加硫、氯、钠元素含量和 pH 的标明值的要求；

——增加固体产品销售包装和分量包装净含量要求；

——剔除原标准检验方法附录部分。

本标准自实施之日起，同时代替 NY 1428—2007。

本标准由中华人民共和国农业部提出并归口。

本标准起草单位：国家化肥质量监督检验中心(北京)。

本标准主要起草人：王旭、封朝晖、刘红芳、保万魁、孙蓟锋。

本标准所代替标准的历次版本发布情况为：

——NY 1428—2007。

微量元素水溶肥料

1 范围

本标准规定了微量元素水溶肥料的技术要求、试验方法、检验规则、标识、包装、运输和贮存。

本标准适用于中华人民共和国境内生产和销售的，由铜、铁、锰、锌、硼、钼微量元素按所需比例制成的或单一微量元素制成的液体或固体水溶肥料。

本标准不适用于已有强制性国家或行业标准的肥料（如硫酸铜、硫酸锌）和螯合态肥料（如EDDHA-Fe）。

2 规范性引用文件

下列文件对于本文件的应用是必不可少的。凡是注日期的引用文件，仅注日期的版本适用于本文件。凡是不注日期的引用文件，其最新版本（包括所有的修改单）适用于本文件。

GB 190 危险货物包装标志

GB 191 包装储运图示标志

GB/T 6679 固体化工产品采样通则

GB/T 6680 液体化工产品采样通则

GB/T 8170 数值修约规则与极限数值的表示和判定

GB 8569 固体化学肥料包装

GB/T 8576 复混肥料中游离水含量的测定 真空烘箱法

NY/T 887 液体肥料 密度的测定

NY/T 1108 液体肥料 包装技术要求

NY 1110 水溶肥料 汞、砷、镉、铅、铬的限量要求

NY/T 1117 水溶肥料 钙、镁、硫、氯含量的测定

NY/T 1972 水溶肥料 钠、硒、硅含量的测定

NY/T 1973 水溶肥料 水不溶物含量和 pH 的测定

NY/T 1974 水溶肥料 铜、铁、锰、锌、硼、钼含量的测定

NY/T 1978 肥料 汞、砷、镉、铅、铬含量的测定

NY 1979 肥料登记 标签技术要求

《产品质量仲裁检验和产品质量鉴定管理办法》

《定量包装商品计量监督管理办法》

3 术语和定义

下列术语和定义适用于本文件。

3.1

水溶肥料 water-soluble fertilizers

经水溶解或稀释，用于灌溉施肥、叶面施肥、无土栽培、浸种蘸根等用途的液体或固体肥料。

4 要求

4.1 外观：均匀的液体；均匀、松散的固体。

4.2 微量元素水溶肥料固体产品技术指标应符合表 1 的要求。

表 1

项　　目	指　　标
微量元素含量[a],%	≥10.0
水不溶物含量,%	≤5.0
pH(1∶250 倍稀释)	3.0～10.0
水分(H_2O)含量,%	≤6.0
[a] 微量元素含量指铜、铁、锰、锌、硼、钼元素含量之和。产品应至少包含一种微量元素。含量不低于 0.05%的单一微量元素均应计入微量元素含量中。钼元素含量不高于 1.0%(单质含钼微量元素产品除外)。	

4.3 微量元素水溶肥料液体产品技术指标应符合表 2 的要求。

表 2

项　　目	指　　标
微量元素含量[a],g/L	≥100
水不溶物含量,g/L	≤50
pH(1∶250 倍稀释)	3.0～10.0
[a] 微量元素含量指铜、铁、锰、锌、硼、钼元素含量之和。产品应至少包含一种微量元素。含量不低于 0.5 g/L 的单一微量元素均应计入微量元素含量中。钼元素含量不高于 10 g/L(单质含钼微量元素产品除外)。	

4.4 微量元素水溶肥料中汞、砷、镉、铅、铬限量指标应符合 NY 1110 的要求。

5 试验方法

5.1 外观

目视法测定。

5.2 铜含量的测定

按 NY/T 1974 的规定执行。

5.3 铁含量的测定

按 NY/T 1974 的规定执行。

5.4 锰含量的测定

按 NY/T 1974 的规定执行。

5.5 锌含量的测定

按 NY/T 1974 的规定执行。

5.6 硼含量的测定

按 NY/T 1974 的规定执行。

5.7 钼含量的测定

按 NY/T 1974 的规定执行。

5.8 硫含量的测定

按 NY/T 1117 的规定执行。

5.9 氯含量的测定

按 NY/T 1117 的规定执行。

5.10 钠含量的测定

按 NY/T 1972 的规定执行。

5.11 pH 的测定

按 NY/T 1973 的规定执行。

5.12 水不溶物含量的测定

按 NY/T 1973 的规定执行。

5.13 水分含量的测定

按 GB/T 8576 的规定执行。

5.14 液体肥料密度的测定

按 NY/T 887 的规定执行。结果用于质量浓度的换算。

5.15 汞含量的测定

按 NY/T 1978 的规定执行。

5.16 砷含量的测定

按 NY/T 1978 的规定执行。

5.17 镉含量的测定

按 NY/T 1978 的规定执行。

5.18 铅含量的测定

按 NY/T 1978 的规定执行。

5.19 铬含量的测定

按 NY/T 1978 的规定执行。

6 检验规则

6.1 产品应由企业质量监督部门进行检验，生产企业应保证所有的销售产品均符合本标准的要求。每批产品应附有质量证明书，其内容按标识规定执行。

6.2 产品按批检验，以一次配料为一批，最大批量为 50 t。

6.3 固体或散装产品采样按 GB/T 6679 的规定执行。液体产品采样按 GB/T 6680 的规定执行。

6.4 将所采样品置于洁净、干燥的容器中，迅速混匀。取固体样品 600 g 或液体样品 600 mL，分装于两个洁净、干燥的容器中，密封并贴上标签，注明生产企业名称、产品名称、批号或生产日期、采样日期、采样人姓名。其中一瓶用于产品质量分析，另一瓶应保存至少两个月，以备复验。

6.5 固体样品经多次缩分后，取出约 100 g，将其迅速研磨至全部通过 0.50 mm 孔径筛（如样品潮湿，可通过 1.00 mm 筛子），混合均匀，置于洁净、干燥的容器中，用于测定。

6.6 液体样品经多次摇动后，迅速取出约 100 mL，置于洁净、干燥的容器中，用于测定。

6.7 生产企业进行出厂检验时，如果检验结果有一项或一项以上指标不符合本标准要求，应重新从加倍采样批中采样进行复验。复验结果有一项或一项以上指标不符合本标准要求，则整批产品不应被验收合格。

6.8 产品质量合格判定，采用 GB/T 8170 中“修约值比较法”。

6.9 用户有权按本标准规定的检验规则和检验方法对所收到的产品进行核验。

6.10 当供需双方对产品质量发生异议需仲裁时，应按《产品质量仲裁检验和产品质量鉴定管理办法》的规定执行。

7 标识

7.1 产品质量证明书应载明：

7.1.1 企业名称、生产地址、联系方式、肥料登记证号、产品通用名称、执行标准号、剂型、包装规格、批号或生产日期。

7.1.2 微量元素含量的最低标明值；单一微量元素含量的标明值；硫、氯、钠元素含量的标明值；pH 的标明值；汞、砷、镉、铅、铬元素含量的最高标明值。

7.2 产品包装标签应载明:

7.2.1 微量元素含量的最低标明值、单一微量元素含量的标明值。单一微量元素标明值之和应符合微量元素含量要求。当单一微量元素标明值不大于2.0%或20 g/L时,各测定值与标明值正负相对偏差的绝对值应不大于40%;当单一微量元素标明值大于2.0%或20 g/L时,各测定值与标明值正负偏差的绝对值应不大于1.0%或10 g/L。

7.2.2 硫元素含量的标明值。当硫元素标明值为"硫(S)≤3.0%或30 g/L"时,其测定值应不大于3.0%或30 g/L;当硫元素标明值大于3.0%或30 g/L时,其测定值与标明值正负偏差的绝对值应不大于1.5%或15 g/L。

7.2.3 氯元素含量的标明值。当氯元素标明值为"氯(Cl)≤3.0%或30 g/L"时,其测定值应不大于3.0%或30 g/L;当氯元素标明值大于3.0%或30 g/L时,其测定值与标明值正负偏差的绝对值应不大于1.5%或15 g/L。

7.2.4 钠元素含量的标明值。当钠元素标明值为"钠(Na)≤3.0%或30 g/L"时,其测定值应不大于3.0%或30 g/L;当钠元素标明值大于3.0%或30 g/L时,其测定值与标明值正负偏差的绝对值应不大于1.5%或15 g/L。

7.2.5 pH的标明值。pH测定值应符合其标明值正负偏差pH±1.0的要求。

7.2.6 汞、砷、镉、铅、铬元素含量的最高标明值。

7.3 其余按NY 1979执行。

8 包装、运输和贮存

8.1 固体产品最小销售包装每袋(瓶)净含量应不低于100 g;若进行分量包装,应标明其净含量;其余按GB 8569的规定执行。液体产品包装按NY/T 1108的规定执行。净含量按《定量包装商品计量监督管理办法》的规定执行。

8.2 在销售包装容器中的物料应混合均匀,不应附加其他成分小包装物料。

8.3 产品运输和贮存过程中应防潮、防晒、防破裂,警示说明按GB 190和GB 191的规定执行。

ICS 65.080
G 21

中华人民共和国农业行业标准

NY 1429—2010
代替 NY 1429—2007

含氨基酸水溶肥料

Water-soluble fertilizers containing amino-acids

2010-12-23 发布 2011-02-01 实施

中华人民共和国农业部 发布

前　言

本标准遵照 GB/T 1.1—2009 给出的规则起草。

本标准第 4 章、第 6 章、第 7 章和第 8 章为强制性条款，其余为推荐性条款。

本标准是对 NY 1429—2007《含氨基酸水溶肥料》的修订。

本标准与 NY 1429—2007 的主要差异是：

——增加中量元素型产品，增加镁元素；

——修订微量元素型产品应至少包含一种微量元素；

——pH 由 3.0～7.0 修订为 3.0～9.0；

——增加质量证明书的载明内容要求；

——设定单一中量元素测定值与标明值负偏差要求；

——增加硫、氯、钠元素含量和 pH 的标明值的要求；

——增加固体产品销售包装和分量包装净含量要求；

——剔除原标准检验方法附录部分。

本标准自实施之日起，同时代替 NY 1429—2007。

本标准由中华人民共和国农业部提出并归口。

本标准起草单位：国家化肥质量监督检验中心（北京）。

本标准主要起草人：王旭、封朝晖、刘红芳、保万魁、孙蓟锋。

本标准所代替标准的历次版本发布情况为：

——NY 1429—2007。

含氨基酸水溶肥料

1 范围

本标准规定了含氨基酸水溶肥料(中量元素型)和含氨基酸水溶肥料(微量元素型)的技术要求、试验方法、检验规则、标识、包装、运输和贮存。

本标准适用于中华人民共和国境内生产和销售的,以游离氨基酸为主体的,按适合植物生长所需比例,添加适量钙、镁中量元素或铜、铁、锰、锌、硼、钼微量元素而制成的液体或固体水溶肥料。

2 规范性引用文件

下列文件对于本文件的应用是必不可少的。凡是注日期的引用文件,仅注日期的版本适用于本文件。凡是不注日期的引用文件,其最新版本(包括所有的修改单)适用于本文件。

GB 190 危险货物包装标志

GB 191 包装储运图示标志

GB/T 6679 固体化工产品采样通则

GB/T 6680 液体化工产品采样通则

GB/T 8170 数值修约规则与极限数值的表示和判定

GB 8569 固体化学肥料包装

GB/T 8576 复混肥料中游离水含量的测定 真空烘箱法

NY/T 887 液体肥料 密度的测定

NY/T 1108 液体肥料 包装技术要求

NY 1110 水溶肥料 汞、砷、镉、铅、铬的限量要求

NY/T 1117 水溶肥料 钙、镁、硫、氯含量的测定

NY/T 1972 水溶肥料 钠、硒、硅含量的测定

NY/T 1973 水溶肥料 水不溶物含量和 pH 的测定

NY/T 1974 水溶肥料 铜、铁、锰、锌、硼、钼含量的测定

NY/T 1975 水溶肥料 游离氨基酸含量的测定

NY/T 1978 肥料 汞、砷、镉、铅、铬含量的测定

NY 1979 肥料登记 标签技术要求

《产品质量仲裁检验和产品质量鉴定管理办法》

《定量包装商品计量监督管理办法》

3 术语和定义

下列术语和定义适用于本文件。

3.1

水溶肥料 water-soluble fertilizers

经水溶解或稀释,用于灌溉施肥、叶面施肥、无土栽培、浸种蘸根等用途的液体或固体肥料。

4 要求

4.1 外观:均匀的液体或固体。

4.2 产品类型:按添加中量、微量营养元素类型将含氨基酸水溶肥料分为中量元素型和微量元素型。

4.3 含氨基酸水溶肥料(中量元素型)固体产品技术指标应符合表1的要求。

表 1

项　　目	指　　标
游离氨基酸含量,%	≥10.0
中量元素含量[a],%	≥3.0
水不溶物含量,%	≤5.0
pH(1∶250倍稀释)	3.0～9.0
水分(H_2O)含量,%	≤4.0

[a] 中量元素含量指钙、镁元素含量之和。产品应至少包含一种中量元素。含量不低于0.1%的单一中量元素均应计入中量元素含量中。

4.4 含氨基酸水溶肥料(中量元素型)液体产品技术指标应符合表2的要求。

表 2

项　　目	指　　标
游离氨基酸含量,g/L	≥100
中量元素含量[a],g/L	≥30
水不溶物含量,g/L	≤50
pH(1∶250倍稀释)	3.0～9.0

[a] 中量元素含量指钙、镁元素含量之和。产品应至少包含一种中量元素。含量不低于1 g/L的单一中量元素均应计入中量元素含量中。

4.5 含氨基酸水溶肥料(微量元素型)固体产品技术指标应符合表3的要求。

表 3

项　　目	指　　标
游离氨基酸含量,%	≥10.0
微量元素含量[a],%	≥2.0
水不溶物含量,%	≤5.0
pH(1∶250倍稀释)	3.0～9.0
水分(H_2O)含量,%	≤4.0

[a] 微量元素含量指铜、铁、锰、锌、硼、钼元素含量之和。产品应至少包含一种微量元素。含量不低于0.05%的单一微量元素均应计入微量元素含量中。钼元素含量不高于0.5%。

4.6 含氨基酸水溶肥料(微量元素型)液体产品技术指标应符合表4的要求。

表 4

项　　目	指　　标
游离氨基酸含量,g/L	≥100
微量元素含量[a],g/L	≥20
水不溶物含量,g/L	≤50
pH(1∶250倍稀释)	3.0～9.0

[a] 微量元素含量指铜、铁、锰、锌、硼、钼元素含量之和。产品应至少包含一种微量元素。含量不低于0.5 g/L的单一微量元素均应计入微量元素含量中。钼元素含量不高于5 g/L。

4.7 中量元素含量和微量元素含量均符合要求时,产品类型归为微量元素型。

4.8 含氨基酸水溶肥料中汞、砷、镉、铅、铬限量指标应符合NY 1110的要求。

5 试验方法

5.1 外观

目视法测定。

5.2 游离氨基酸含量的测定

按 NY/T 1975 的规定执行。

5.3 钙含量的测定

按 NY/T 1117 的规定执行。

5.4 镁含量的测定

按 NY/T 1117 的规定执行。

5.5 铜含量的测定

按 NY/T 1974 的规定执行。

5.6 铁含量的测定

按 NY/T 1974 的规定执行。

5.7 锰含量的测定

按 NY/T 1974 的规定执行。

5.8 锌含量的测定

按 NY/T 1974 的规定执行。

5.9 硼含量的测定

按 NY/T 1974 的规定执行。

5.10 钼含量的测定

按 NY/T 1974 的规定执行。

5.11 硫含量的测定

按 NY/T 1117 的规定执行。

5.12 氯含量的测定

按 NY/T 1117 的规定执行。

5.13 钠含量的测定

按 NY/T 1972 的规定执行。

5.14 pH 的测定

按 NY/T 1973 的规定执行。

5.15 水不溶物含量的测定

按 NY/T 1973 的规定执行。

5.16 水分含量的测定

按 GB/T 8576 的规定执行。

5.17 液体肥料密度的测定

按 NY/T 887 的规定执行。结果用于质量浓度的换算。

5.18 汞含量的测定

按 NY/T 1978 的规定执行。

5.19 砷含量的测定

按 NY/T 1978 的规定执行。

5.20 镉含量的测定

按 NY/T 1978 的规定执行。

5.21 铅含量的测定

按 NY/T 1978 的规定执行。

5.22 铬含量的测定

按 NY/T 1978 的规定执行。

6 检验规则

6.1 产品应由企业质量监督部门进行检验，生产企业应保证所有的销售产品均符合本标准的要求。每批产品应附有质量证明书，其内容按标识规定执行。

6.2 产品按批检验，以一次配料为一批，最大批量为 50 t。

6.3 固体或散装产品采样按 GB/T 6679 的规定执行。液体产品采样按 GB/T 6680 的规定执行。

6.4 将所采样品置于洁净、干燥的容器中，迅速混匀。取固体样品 600 g 或液体样品 600 mL，分装于两个洁净、干燥的容器中，密封并贴上标签，注明生产企业名称、产品名称、批号或生产日期、采样日期、采样人姓名。其中一瓶用于产品质量分析，另一瓶应保存至少两个月，以备复验。

6.5 固体样品经多次缩分后，取出约 100 g，将其迅速研磨至全部通过 0.50 mm 孔径筛（如样品潮湿，可通过 1.00 mm 筛子），混合均匀，置于洁净、干燥的容器中，用于测定。

6.6 液体样品经多次摇动后，迅速取出约 100 mL，置于洁净、干燥的容器中，用于测定。

6.7 生产企业进行出厂检验时，如果检验结果有一项或一项以上指标不符合本标准要求，应重新从加倍采样批中采样进行复验。复验结果有一项或一项以上指标不符合本标准要求，则整批产品不应被验收合格。

6.8 产品质量合格判定，采用 GB/T 8170 中“修约值比较法”。

6.9 用户有权按本标准规定的检验规则和检验方法对所收到的产品进行核验。

6.10 当供需双方对产品质量发生异议需仲裁时，应按《产品质量仲裁检验和产品质量鉴定管理办法》规定执行。

7 标识

7.1 产品质量证明书应载明：

7.1.1 企业名称、生产地址、联系方式、肥料登记证号、产品通用名称（产品类型）、执行标准号、剂型、包装规格、批号或生产日期。

7.1.2 游离氨基酸含量的最低标明值；中量元素含量和/或微量元素含量的最低标明值；单一中量元素含量和/或单一微量元素含量的标明值；硫、氯、钠元素含量的标明值；pH 的标明值；汞、砷、镉、铅、铬元素含量的最高标明值。

7.2 产品包装标签应载明：

7.2.1 游离氨基酸含量的最低标明值。

7.2.2 中量元素含量和/或微量元素含量的最低标明值、单一中量元素含量和/或单一微量元素含量的标明值。

——单一中量元素标明值之和应符合中量元素含量要求。当单一中量元素标明值不大于 2.0%或 20 g/L 时，各测定值与标明值负相对偏差的绝对值应不大于 40%；当单一中量元素标明值大于 2.0%或 20 g/L 时，各测定值与标明值负偏差的绝对值应不大于 1.0%或 10 g/L。

——单一微量元素标明值之和应符合微量元素含量要求。当单一微量元素标明值不大于 2.0%或 20 g/L 时，各测定值与标明值正负相对偏差的绝对值应不大于 40%；当单一微量元素标明值大于 2.0%或 20 g/L 时，各测定值与标明值正负偏差的绝对值应不大于 1.0%或 10 g/L。

7.2.3 硫元素含量的标明值。当硫元素标明值为“硫(S)≤3.0%或 30 g/L”时，其测定值应不大于 3.0%或 30 g/L；当硫元素标明值大于 3.0%或 30 g/L 时，其测定值与标明值正负偏差的绝对值应不大于 1.5%或 15 g/L。

7.2.4 氯元素含量的标明值。当氯元素标明值为“氯(Cl)≤3.0%或 30 g/L”时，其测定值应不大于 3.0%或 30 g/L；当氯元素标明值大于 3.0%或 30 g/L 时，其测定值与标明值正负偏差的绝对值应不大于 1.5%或 15 g/L。

7.2.5 钠元素含量的标明值。当钠元素标明值为“钠(Na)≤3.0%或 30 g/L”时，其测定值应不大于 3.0%或 30 g/L；当钠元素标明值大于 3.0%或 30 g/L 时，其测定值与标明值正负偏差的绝对值应不大于 1.5%或 15 g/L。

7.2.6 pH 的标明值。pH 测定值应符合其标明值正负偏差 pH±1.0 的要求。

7.2.7 汞、砷、镉、铅、铬元素含量的最高标明值。

7.3 其余按 NY 1979 的规定执行。

8 包装、运输和贮存

8.1 固体产品最小销售包装每袋(瓶)净含量应不低于 100 g；若进行分量包装，应标明其净含量；其余按 GB 8569 的规定执行。液体产品包装按 NY/T 1108 的规定执行。净含量按《定量包装商品计量监督管理办法》的规定执行。

8.2 在销售包装容器中的物料应混合均匀，不应附加其他成分小包装物料。

8.3 产品运输和贮存过程中应防潮、防晒、防破裂，警示说明按 GB 190 和 GB 191 的规定执行。

ICS 65.080
B 10

中华人民共和国农业行业标准

NY/T 1847—2010

微生物肥料生产菌株质量评价通用技术要求

General technical requirements for production strain quality of microbial fertilizer

2010-05-20 发布　　2010-09-01 实施

中华人民共和国农业部　发布

前　言

本标准的附录 A、附录 B、附录 C 和附录 D 为规范性附录。

本标准由中华人民共和国农业部种植业管理司提出并归口。

本标准起草单位：农业部微生物肥料和食用菌菌种质量监督检验测试中心、中国农业科学院农业资源与农业区划研究所。

本标准主要起草人：关大伟、陈慧君、李俊、沈德龙、姜昕、杨小红、曹凤明、冯瑞华、李力。

微生物肥料生产菌株质量评价通用技术要求

1 范围

本标准规定了微生物肥料生产菌株的术语和定义、质量要求、试验方法和评价规则。

本标准适用于微生物肥料生产中使用的菌株。

2 规范性引用文件

下列文件对于本文件的应用是必不可少的。凡是注日期的引用文件，仅注日期的版本适用于本文件。凡是不注日期的引用文件，其最新版本(包括所有的修改单)适用于本文件。

NY 882 硅酸盐细菌菌种

NY 1109 微生物肥料生物安全通用技术准则

NY/T 1113—2006 微生物肥料术语

NY 1117 水溶肥料钙、镁、硫含量的测定

NY/T 1536—2007 微生物肥料田间试验技术规程及肥效评价指南

NY/T 1735 根瘤菌生产菌株质量评价技术规范

3 术语和定义

NY/T 1113—2006、NY/T 1536—2007 界定的以及下列术语和定义适用于本文件。为了便于使用，以下重复列出了 NY/T 1113—2006、NY/T 1536—2007 中的某些术语和定义。

3.1

微生物肥料 microbial fertilizer

含有特定微生物活体的制品，应用于农业生产，通过其中所含微生物的生命活动，增加植物养分的供应量或促进植物生长，提高产量，改善农产品品质及农业生态环境。

[NY/T 1113—2006，定义 2.1]

3.2

微生物肥料生产菌株 strain for microbial fertilizer production

从自然界分离筛选或经人工诱变，具备微生物肥料功能，并可用于生产的菌株。以下将其简称为“菌株”。

3.3

基质 substrate

指不含目的微生物或目的微生物被灭活的物料。

[NY/T 1536—2007，定义 3.7]

4 质量要求

4.1 基本要求

——菌株通过安全性评价，符合 NY 1109 中的规定。

——菌株细胞、菌落形态一致，无杂菌污染，生长繁殖力强；生长所需的碳源、氮源等原料易获得。

——菌株遗传性状稳定，其功能和发酵性能可长期保持，存活能力强。

4.2 菌株功能要求

4.2.1 **提供或活化养分功能**

4.2.1.1 **溶解无机磷能力**

在含有难溶性无机磷培养液中，接种菌株与未接种相比，可溶性磷的含量增加 70 mg/L 以上。

4.2.1.2 **分解有机磷能力**

在含有难溶性有机磷培养液中，接种菌株与未接种相比，可溶性磷的含量增加 5 mg/L 以上。

4.2.1.3 **固氮能力**

4.2.1.3.1 **共生固氮菌**

具有共生固氮作用的菌株质量应符合 NY/T 1735 的规定。

4.2.1.3.2 **自生固氮菌和联合固氮菌**

在盆栽试验中，接种菌株与未接种处理相比，植株总含氮量增加量达到 t 检验的显著水平。

4.2.1.4 **解钾能力**

具有解钾作用的菌株质量应符合 NY 882 的规定。

4.2.1.5 **溶解中量元素能力**

在含有难溶性钙、镁或硫元素的培养液中，接种菌株与未接种相比，相应的可溶性元素增加量分别达到 t 检验的显著水平。

4.2.2 **产生促进作物生长活性物质能力**

在适宜培养条件下，菌株产生的具有促进作物生长功能的活性物质总量应在 5 mg/L 以上。其中包括赤霉素、吲哚乙酸、细胞分裂素等。

4.2.3 **促进有机物料腐熟功能**

4.2.3.1 **产纤维素酶能力**

在适宜的培养条件下，菌株产生纤维素酶的活力在 70 u/mL(g)以上。

4.2.3.2 **产木聚糖酶能力**

在适宜的培养条件下，菌株产生木聚糖酶的活力在 700 u/mL(g)以上。

4.2.3.3 **产蛋白酶能力**

在适宜的培养条件下，菌株产生蛋白酶的活力在 100 u/mL(g)以上。

4.2.4 **提高作物品质功能**

接种菌株与基质处理相比，提高作物品质效应差异达到统计检验显著水平。

4.2.5 **提高作物抗逆性能力**

接种菌株与基质处理相比，能够减轻作物病虫害发生(病情指数)，或提高作物抗倒伏、抗旱、抗寒、克服作物连作障碍等方面的能力，t 检验达到显著水平。

4.2.6 **改良和修复土壤功能**

4.2.6.1 **改良土壤功能**

接种菌株与基质处理相比，能够改善土壤容重、团粒结构、养分供给，以及土壤中的微生物种群结构与数量等，t 检验达到显著水平。

4.2.6.2 **修复土壤功能**

接种菌株与基质处理相比，能够减少试验作物或土壤中的残留农药、重金属等有毒有害物质的含量，t 检验达到显著水平。

5 试验方法

5.1 可溶性磷

按附录 A 规定执行。

5.2 固氮能力

按 NY/T 1735 规定执行。

5.3 解钾能力

按 NY 882 规定执行。

5.4 可溶性钙、镁或硫

按 NY 1117 规定执行。

5.5 活性物质

按 NY 882 规定执行。

5.6 纤维素酶活力

按附录 B 规定执行。

5.7 木聚糖酶活力

按附录 C 规定执行。

5.8 蛋白酶活力

按附录 D 规定执行。

5.9 作物品质

按 NY/T 1536 规定执行。

5.10 作物抗逆性

按 NY/T 1536 规定执行。

5.11 改良和修复土壤

按 NY/T 1536 规定执行。

6 评价规则

菌株符合 4.1 要求，并符合 4.2 要求中的任一项，评定其达到生产菌株的要求，可作为微生物肥料生产菌株。

附 录 A
(规范性附录)
可溶性磷的测定方法

A.1 范围

本标准规定了用钼锑抗比色法测定微生物肥料生产菌株溶解难溶性磷能力的方法。

本标准适用于微生物肥料生产菌株溶解难溶性磷能力的测定。

A.2 原理

在酸性条件下,磷酸盐与钼酸铵形成黄色锑磷钼混合杂多酸络合物,在锑剂存在下,用抗坏血酸将其还原生成蓝色络合物,在一定浓度范围内其颜色深浅与磷的含量成正比。因此可根据测定样品吸光度计算出可溶性磷的含量。

A.3 培养基

葡萄糖	10 g
$(NH_4)_2SO_4$	0.5 g
$MgSO_4 \cdot 7H_2O$	0.3 g
NaCl	0.3 g
KCl	0.3 g
$FeSO_4 \cdot 4H_2O$	0.036 g
$MnSO_4 \cdot 4H_2O$	0.03 g
蒸馏水	1 000 mL
pH	7.0

无机磷源可为 $Ca_3(PO_4)_2$、$AlPO_4$ 或 $FePO_4 \cdot 4H_2O$ 中的一种,加入量为 10 g;有机磷源为卵磷脂或植酸钙等,加入量为 2.0 g。

A.4 试剂与溶液

除非另有说明,在分析中仅使用确认为分析纯的试剂和蒸馏水或去离子水或相当纯度的水。

A.4.1 氢氧化钠溶液(100 g/L):称取 10 g 氢氧化钠(NaOH)溶于 100 mL 水中。

A.4.2 硫酸溶液(体积分数 5%):吸取 5 mL 浓硫酸缓缓加入 90 mL 水中,冷却后加水至 100 mL。

A.4.3 酒石酸锑钾溶液(5 g/L):称取酒石酸锑钾[$KSbOC_4H_4O_6 \cdot 1/2H_2O$)0.5 g,溶于 100 mL 水中。

A.4.4 钼锑贮存溶液:浓硫酸(H_2SO_4)153 mL 缓慢倒入约 400 mL 水中,同时搅拌。放置冷却。另称 10 g 钼酸铵[$(NH_4)_6Mo_7O_{24} \cdot 4H_2O$]溶于约 60℃的 300 mL 蒸馏水中,冷却。将配好的硫酸溶液缓缓倒入钼酸铵溶液中,同时搅拌。随后加入 5 g/L 酒石酸锑钾溶液(A.4.3)100 mL,最后用蒸馏水稀释至 1 000 mL。避光保存。

A.4.5 钼锑抗显色剂:称取 1.50 g 抗坏血酸($C_6H_8O_6$,左旋,旋光度+21~+22)加入到 100 mL 钼锑贮存液(A.4.4)中。此液须随配随用。

A.4.6 二硝基酚指示剂:称取 0.2 g 2,6-二硝基酚或是 2,4-二硝基酚[$C_6H_3OH(NO_2)_2$]溶于 100 mL 水中。

A.4.7 磷标准贮备溶液(100 mg/L):0.439 0 g 磷酸二氢钾(KH_2PO_4,105℃烘 2 h)溶于 100 mL 蒸馏水中,加入 5 mL 浓硫酸,定容至 1 000 mL。

A.4.8 磷标准溶液(5 mg/L):吸取磷标准贮备溶液(A.4.7)10 mL 于 200 mL 容量瓶中,定容。此溶液不宜久存。

A.5 仪器与设备

A.5.1 分析天平:感量 0.000 1g。

A.5.2 摇床。

A.5.3 离心机。

A.5.4 分光光度计:能检测 350 nm~800 nm 的吸光度范围。

A.6 测定

A.6.1 待测菌株发酵培养

将活化好的待测菌株按一定比例接种到培养基中(A.3),在适宜的条件下培养一定时间,即获得待测菌株的发酵产物。同时以加入等量的无菌水的发酵液做空白对照。

A.6.2 标准曲线绘制

分别吸取磷标准溶液(A.4.8)0 mL、1.00 mL、2.00 mL、3.00 mL、4.00 mL、5.00 mL、6.00 mL 分别于 50 mL 容量瓶中,加蒸馏水稀释至约 30 mL,加二硝基酚指示剂(A.4.6)2 滴,用氢氧化钠溶液(A.4.1)或稀硫酸溶液(A.4.2)调节 pH 至溶液刚呈微黄色。然后加入钼锑抗显色剂(A.4.5)5 mL,摇匀,定容,即得 0.0 mg/L、0.1 mg/L、0.2 mg/L、0.3 mg/L、0.4 mg/L、0.5 mg/L、0.6 mg/L 标准系列溶液。在室温高于 15℃的条件下放置 30 min 后,在分光光度计上用波长 700 nm 比色,读取吸光度。以吸光度为纵坐标,磷浓度为横坐标,绘制标准曲线或建立回归方程。

A.6.3 样品测定

将样品(A.6.1)4 000 r/min 离心 20 min 后,吸取上清液 5 mL~10 mL(含磷 5 μg~25 μg,如超过此范围可适当稀释)于 50 mL 容量瓶中,加水稀释至约 30 mL,加二硝基酚指示剂(A.4.6)2 滴,用氢氧化钠溶液(A.4.1)或稀硫酸溶液(A.4.2)调节 pH 至溶液刚呈微黄色。然后加入钼锑抗显色剂(A.4.5)5 mL,摇匀,定容。在室温高于 15℃的条件下放置 30 min 后,以空白试验溶液作参比调零点,与标准溶液系列同条件显色、比色,读取吸光度。从工作曲线上查出所测吸光度对应磷的质量浓度(P)。

A.7 结果计算

按照下式计算磷的含量:

$$X = \frac{P \times V_1 \times K}{V_2} \quad \cdots\cdots (1)$$

式中:

X——培养液中磷的含量(mg/L);

P——工作曲线查得磷的质量浓度(mg/L);

V_1——显色液体积(mL);

K——稀释倍数;

V_2——吸取上清液体积(mL)。

A.8 重复性

每个试样取两份平行样进行分析测定,所得结果相对误差不超过 10%,测定结果用二者算术平均值表示。

附 录 B
(规范性附录)
纤维素酶活力的测定方法 滤纸法

B.1 范围

本标准规定了以滤纸为底物,用还原糖比色法测定微生物肥料生产菌株产纤维素酶活力的方法。

本标准适用于微生物肥料生产菌株产纤维素酶活力的测定。

B.2 原理

纤维素酶水解滤纸产生的纤维二糖、葡萄糖等还原糖能将碱性条件下的3,5-二硝基水杨酸还原,生成棕红色的氨基化合物,在540 nm波长处有最大吸收,在一定范围内酶解产生的还原糖的量与反应液的吸光度成正比。

B.3 单位定义

在50℃,pH5.5条件下,1 g(mL)样品1 min降解滤纸产生1 μg葡萄糖为1个酶活力单位,以u/g(mL)表示。

B.4 试剂和溶液

除非另有说明,在分析中仅使用确认为分析纯的试剂和蒸馏水或去离子水或相当纯度的水。

B.4.1 氢氧化钠溶液(200 g/L):称取氢氧化钠(NaOH)20.0 g,加入100 mL水溶解。

B.4.2 柠檬酸溶液(0.1 mol/L):称取柠檬酸($C_6H_8O_7 \cdot H_2O$)2.10 g,加水溶解定容至100 mL。

B.4.3 柠檬酸钠溶液(0.1 mol/L):称取柠檬酸钠($Na_3C_6H_5O_7 \cdot 2H_2O$)2.94 g,加水溶解定容至100 mL。

B.4.4 柠檬酸盐缓冲液(0.05 mol/L,pH5.5):称取柠檬酸($C_6H_8O_7 \cdot H_2O$)10.5 g,加入氢氧化钠(NaOH)5.0 g,再加800 mL水溶解,用柠檬酸溶液(B.4.2)或柠檬酸钠溶液(B.4.3)调节pH至5.5,再加水定容至1 000 mL。

B.4.5 葡萄糖标准溶液(10.0 mg/mL):将葡萄糖在恒温干燥箱中105℃下干燥至恒重,称取1 g,精确至0.000 1 g,加柠檬酸盐缓冲液(B.4.4)溶解,定容至100 mL。

B.4.6 3,5-二硝基水杨酸溶液(DNS):称取3,5-二硝基水杨酸3.15 g,加水500 mL搅拌溶解,水浴至45℃,然后逐步加入NaOH溶液(B.4.1)100 mL,同时不断搅拌,直至完全溶解,再逐步加入四水酒石酸钾钠($C_4H_4KNa_6 \cdot 4H_2O$)91.0 g、苯酚(C_6H_6O)2.50 g、无水亚硫酸钠(Na_2SO_3)2.50 g,不断搅拌,直到物质完全溶解,冷却到室温后,定容至1 000 mL。过滤,将滤液贮存于棕色瓶中,避光保存。室温放置7 d后使用,有效期6个月。

B.4.7 新华Ⅰ号滤纸:将待用滤纸放入干燥器中平衡24 h,平衡后的滤纸制成1.0 cm×6.0 cm。

B.5 仪器与设备

B.5.1 分析天平:感量为0.000 1 g。

B.5.2 pH计:精确至0.01。

B.5.3 分光光度计:能检测 350 nm～800 nm 的吸光度范围。

B.5.4 离心机。

B.5.5 恒温水浴锅:精度±0.2℃。

B.5.6 摇床。

B.5.7 磁力搅拌器:附加热功能。

B.5.8 电磁振荡器。

B.6 测定

B.6.1 待测菌株的发酵培养

将活化好的待测菌株按一定比例接种到最适发酵培养基中,在适宜的条件下培养一定时间,即获得待测菌株的发酵产物。

B.6.2 纤维素酶液的制备

称取发酵产物(B.6.1)5.00 g 或 5.00 mL 于三角瓶中,根据需要加入一定体积柠檬酸盐缓冲液(B.4.4),200 r/min 摇床振荡 30 min 后,于 5 000 r/min 离心 10 min,上清液即为待测酶液,再用柠檬酸盐缓冲液(B.4.4)做适当稀释(推荐浓度范围为酶活力 7 u/mL～32 u/mL)。

B.6.3 标准曲线的绘制

B.6.3.1 分别吸取葡萄糖标准溶液(B.4.5)0.00 mL、2.00 mL、3.00 mL、4.00 mL、6.00 mL、8.00 mL、10.00 mL,分别用柠檬酸盐缓冲液(B.4.4)定容至 50 mL,配成浓度为 0 μg/mL、400 μg/mL、600 μg/mL、800 μg/mL、1 200 μg/mL、1 600 μg/mL 和 2 000 μg/mL 的葡萄糖系列标准溶液。

B.6.3.2 分别吸取葡萄糖标准溶液(B.6.3.1)各 1.00 mL 于 25 mL 具塞比色管中,各加 2.00 mL 水和 2.00 mL DNS 试剂(B.4.6),沸水浴 5 min。冷却至室温,用水定容至 25 mL。在 540 nm 波长下,以 0 μg/mL 葡萄糖标准溶液为空白对照调零点,分别测定各浓度标准溶液的吸光度。以吸光度为横坐标,标准葡萄糖溶液浓度为纵坐标,列出直线回归方程。每次新配制 DNS 试剂均需要重新绘制标准曲线。

B.6.4 样品测定

B.6.4.1 吸取 10.0 mL 经过适当稀释的酶液(B.6.2),50℃水浴平衡 10 min。

B.6.4.2 在 25 mL 具塞比色管中加入滤纸条(B.4.7)——滤纸条须对称剪成 32 片并全部放入,加 1.0 mL 柠檬酸盐缓冲液(B.4.4)浸润滤纸片,50℃水浴平衡 10 min,再依次加入 2.00 mL DNS 试剂(B.4.6)、0.5 mL 酶液(B.6.4.1)、5 mL 水,电磁振荡 3 s～5 s,50℃水浴中保温 60 min,然后在沸水浴中煮沸 5 min,冷却至室温,用水定容至 25 mL。以 0 μg/mL 葡萄糖标准溶液为空白对照调零点,在 540 nm 波长处测定吸光度 A_1。

B.6.4.3 在 25 mL 具塞比色管中加入滤纸条(B.4.7)——滤纸条须对称剪成 32 片并全部放入,加 1.0 mL 柠檬酸盐缓冲液(B.4.4)浸润滤纸片,50℃水浴平衡 10 min,再依次加入 0.5 mL 酶液(B.6.4.1)和 5 mL 水,电磁振荡 3 s～5 s,50℃水浴中保温 60 min,加入 2.00 mL DNS 试剂(B.4.6),然后在沸水浴中煮沸 5 min,冷却至室温,用水定容至 25 mL。以 0 μg/mL 葡萄糖标准溶液为空白对照调零点,在 540 nm 波长处测定吸光度 A_2。

B.7 试样酶活力的计算

按照下式计算样品的滤纸纤维素酶活性:

$$X = \frac{[(A_2 - A_1) \times K + b] \times D}{t} \qquad (1)$$

式中:

X——样品纤维素酶活力[u/g(mL)];

A_1——酶空白样的吸光度；
A_2——酶反应液的吸光度；
K——标准曲线的斜率；
b——标准曲线的截距；
D——试样的总稀释倍数；
t——反应时间(min)。

B.8 重复性

每个试样取两份平行样进行分析测定，所得结果相对误差不超过20%，测定结果用二者算术平均值表示。

附 录 C
(规范性附录)
木聚糖酶活力的测定方法

C.1 范围

本标准规定了用分光光度法测定微生物肥料生产菌株产木聚糖酶活力的方法。

本标准适用于微生物肥料生产菌株产木聚糖酶活力的测定。

C.2 原理

木聚糖酶能将木聚糖降解成寡糖和单糖。还原性寡糖和单糖在沸水浴条件下可以与 3,5 -二硝基水杨酸(DNS)试剂发生显色反应。反应颜色的深度与酶解产生的还原糖量成正比,而还原糖的生成量又与反应液中木聚糖的活力成正比。因此通过分光比色测定反应液颜色的强度,可以计算反应液中木聚糖酶的活力。

C.3 酶活单位定义

在 50℃、pH5.5 条件下,1 g(mL)样品在 1 min 内水解木聚糖底物,产生相当于 1 μg 木糖的还原糖的酶量为 1 个酶活力单位,以 u/g(mL)表示。

C.4 试剂和溶液

除非另有说明,在分析中仅使用确认为分析纯的试剂和蒸馏水或去离子水或相当纯度的水。

C.4.1 氢氧化钠溶液(200 g/L):称取氢氧化钠(NaOH)20.0 g,加入 100 mL 水溶解。

C.4.2 乙酸溶液(0.1 mol/mL):吸取冰乙酸($C_2H_4O_2$)0.60 mL,加水溶解,定容至 100 mL。

C.4.3 乙酸钠溶液(0.1 mol/mL):称取三水乙酸钠($C_2H_3NaO_2 \cdot 3H_2O$)1.36 g,加水溶解,定容至 100 mL。

C.4.4 乙酸一乙酸钠缓冲液(0.1 mol/mL,pH 5.50):称取三水乙酸钠($C_2H_3NaO_2 \cdot 3H_2O$)23.14 g,加入冰乙酸($C_2H_4O_2$)1.70 mL。加水溶解,定容至 2 000 mL。测定溶液的 pH,如果 pH 偏离 5.50,再用乙酸溶液(C.4.2)或乙酸钠(C.4.3)调节至 pH 5.50。

C.4.5 木糖溶液(10.0 mg/mL):称取无水木糖($C_5H_{10}O_5$)1.000 g,用乙酸—乙酸钠缓冲液(C.4.4)溶解后定容至 100 mL。

C.4.6 木聚糖溶液:称取木聚糖(Sigma X0627)1.00 g,加入 0.32 g 氢氧化钠(NaOH),加入 90 mL 水,磁力搅拌,同时缓慢加热直至完全溶解。然后停止加热,继续搅拌 30 min 后,加入 0.5 mL 冰乙酸($C_2H_4O_2$)。继续磁力搅拌,测定其 pH。如果 pH 为 5.50,用乙酸—乙酸钠缓冲液(C.4.4)定容至 100 mL。如果偏离 5.50,再用乙酸溶液(C.4.2)或乙酸钠(C.4.3)调节至 5.50 后,用乙酸一乙酸钠缓冲液(C.4.4)定容至 100 mL。4℃避光保存,有效期 12 h。

C.4.7 3,5 -二硝基水杨酸溶液(DNS):见 B.4.6。

C.5 仪器与设备

见 B.5。

C.6 测定

C.6.1 待测菌株的发酵培养

将活化好的待测菌株按一定比例接种到最适发酵培养基中，在适宜的条件下培养一定时间，即获得待测菌株的发酵产物。

C.6.2 待测酶液的制备

称取发酵产物(C.6.1)5.00 g 或 5.00 mL 于三角瓶中，根据需要加入一定体积的乙酸—乙酸钠缓冲液(C.4.4)，200 r/min 摇床振荡 30 min 后，5 000 r/min 离心 10 min，上清液即为待测酶液，再用乙酸—乙酸钠缓冲液(C.4.4)做适当稀释(推荐浓度范围为酶活力 6 u/mL～15 u/mL)。

C.6.3 标准曲线绘制

C.6.3.1 吸取乙酸—乙酸钠缓冲液(C.4.4)4.0 mL，加入 DNS 试剂(C.4.7)5.0 mL，沸水浴加热 5 min。用自来水冷却至室温，用水定容至 25.0 mL，制成标准空白样。

C.6.3.2 分别吸取木糖溶液(C.4.5)1.00 mL、2.00 mL、3.00 mL、4.00 mL、5.00 mL、6.00 mL 和 7.00 mL，分别用乙酸—乙酸钠缓冲液(C.4.4)定容至 100 mL，配制成浓度为 100 μg/mL、200 μg/mL、300 μg/mL、400 μg/mL、500 μg/mL、600 μg/mL 和 700 μg/mL 木糖标准溶液。

C.6.3.3 分别吸取上述浓度系列的木糖标准溶液各 2.0 mL(做两个平行)，分别加入到具塞比色管中，再分别加入 2.0 mL 乙酸—乙酸钠缓冲液(C.4.4)和 5.0 mL DNS 试剂(C.4.7)。电磁振荡 3 s～5 s，沸水浴加热 5 min。用自来水冷却至室温，用水定容至 25 mL。以标准空白样(C.6.3.1)为对照调零，在 540 nm 处测定吸光度 A。以木糖浓度为纵坐标，吸光度 A 为横坐标，绘制标准曲线。每次新配制 DNS 试剂均需要重新绘制标准曲线。

C.6.4 样品测定

C.6.4.1 吸取 10.0 mL 木聚糖溶液(C.4.6)，50℃平衡 20 min。吸取 10.0 mL 经适当释的待测酶液(C.6.2)，50℃平衡 20 min。

C.6.4.2 吸取 2.0 mL 待测酶液(C.6.4.1)，加入到具塞比色管中，再加入 DNS 试剂(C.4.7)5.0 mL，电磁振荡 3 s～5 s。加入 2.0 mL 木聚糖溶液(C.4.6)，50℃保温 30 min，沸水浴加热 5 min。用自来水冷却至室温，用水定容至 25.0 mL，电磁振荡 3 s～5 s。以标准空白样(C.6.3.1)为对照调零，在 540 nm 处测定吸光度 A_1。

C.6.4.3 吸取 2.0 mL 待测酶液(C.6.4.1)，加入到具塞比色管中，再加入 2.0 mL 木聚糖溶液(C.6.4.1)，电磁振荡 3 s～5 s，50℃保温 30 min。加入 DNS 试剂(C.4.7)5.0 mL，电磁振荡 3 s～5 s，以终止酶解反应。沸水浴加热 5 min。用自来水冷却至室温，用水定容至 25.0 mL，电磁振荡 3 s～5 s。以标准空白样(C.6.3.1)为对照调零，在 540 nm 处测定吸光度 A_2。

C.7 酶活力计算

按照下式计算样品的木聚糖酶的活力：

$$X=\frac{[(A_2-A_1)\times K+b]\times D}{t} \quad \cdots\cdots (1)$$

式中：

X——样品木聚糖酶活力[u/g(mL)]；

A_1——酶空白样的吸光度；

A_2——酶反应液的吸光度；

K——标准曲线的斜率；

b——标准曲线的截距；

D——试样的总稀释倍数；

t——反应时间(min)。

C.8 重复性

每个试样取两份平行样进行分析测定，所得结果相对误差不超过10%，测定结果用二者算术平均值表示。

附 录 D
(规范性附录)
蛋白酶活力的测定 福林法

D.1 范围

本标准规定了用福林法测定微生物肥料生产菌株产蛋白酶活力的方法。

本标准适用于微生物肥料生产菌株产蛋白酶活力的测定。

D.2 原理

蛋白酶在一定温度与 pH 条件下,水解酪素底物,产生含有酚基的氨基酸,在碱性条件下,将福林试剂还原,生成钼蓝与钨蓝,用分光光度计于波长 680 nm 下测定溶液的吸光度,酶活力与吸光度成比例,由此可以计算样品酶活力。

D.3 单位定义

在一定温度和 pH 值条件下,1 g(mL)样品 1 min 水解酪素产生 1 μg 酪氨酸为 1 个酶活力单位,以 u/g(mL)表示。

D.4 试剂和溶液配制

除非另有说明,在分析中仅使用确认为分析纯的试剂和蒸馏水或去离子水或相当纯度的水。

D.4.1 福林试剂的制备:于 2 000 mL 磨口回流装置中加入钨酸钠($Na_2WO_4 \cdot 2H_2O$)100.0 g、钼酸钠($Na_2MoO_4 \cdot 2H_2O$)25 g、水 700 mL、85%磷酸 50 mL、浓盐酸 100 mL,小火沸腾回流 10 h,取下回流冷却器,在通风橱中加入硫酸锂(Li_2SO_4)50 g、水 50 mL 和数滴浓溴水(99%),再微沸 15 min,以除去多余的溴水(冷却后仍有绿色需再加溴水,再煮沸除去过量的溴),冷却,加水定容至 1 000 mL。混匀,过滤。试剂应呈金黄色,贮存于棕色瓶内。

D.4.2 福林使用液:1 份福林试剂(D.4.1)与 2 份水混合,摇匀。也可用市售福林溶液配制。

D.4.3 碳酸钠溶液(0.4 mol/L):称取无水碳酸钠(Na_2CO_3)42.4 g,用水溶解并定容至 1 000 mL。

D.4.4 三氯乙酸(0.4 mol/L):称取三氯乙酸($CCl_3 \cdot COOH$)65.4 g,用水溶解并定容至 1 000 mL。

D.4.5 氢氧化钠溶液(0.5 mol/L):称取 20 g 氢氧化钠(NaOH),溶于 900 mL 水中,待溶液冷却到室温后定容至 1 000 mL。

D.4.6 盐酸溶液(1 mol/L):量取 90 mL 浓盐酸,注入 1 000 mL 水,摇匀。

D.4.7 盐酸溶液(0.1 mol/L):量取 9 mL 浓盐酸,注入 1 000 mL 水,摇匀。

D.4.8 磷酸缓冲液(pH7.5,适用于中性蛋白酶):称取磷酸氢二钠($Na_2HPO_4 \cdot 12H_2O$)6.02 g 和磷酸二氢钠($NaH_2PO_4 \cdot 2H_2O$)0.5 g,加水溶解并定容至 1 000 mL。

D.4.9 乳酸钠缓冲液(pH3.0,适用于酸性蛋白酶):取乳酸($C_3H_6O_3$)(80%~90%)4.71 g 和乳酸钠($CH_3H_5NaO_3$)(70%)0.89 g,加水至 900 mL,搅拌至均匀,用乳酸或乳酸钠调整 pH 到 3.0±0.05,定容至 1 000 mL。

D.4.10 硼酸缓冲液(pH 10.5,适用于碱性蛋白酶):称硼酸钠(NaB_4O_7)9.54 g,氢氧化钠(NaOH)1.60 g,加水至 900 mL,搅拌至均匀。用盐酸(D.4.6)或氢氧化钠溶液(D.4.5)调整 pH 到 10.5±0.05,

定容至 1 000 mL。

D. 4. 11　酪蛋白溶液(10 g/L):称取酪蛋白 1. 000 g,用少量氢氧化钠溶液(D. 4. 5)(若酸性蛋白酶则用浓乳酸 2 滴~3 滴)湿润后,加入相应的缓冲液约 80 mL,在沸水浴中加热煮沸 30 min,并不时搅拌,直至完全溶解,冷却后转入 100 mL 容量瓶中,用适宜的缓冲液稀释至刻度,定容前检查并调整 pH 至相应缓冲液的规定值。此溶液在冰箱内贮存,有效期为 3 d。使用前重新确认并调整 pH 至规定值。

D. 4. 12　L-酪氨酸标准溶液(100 μg/mL):称取预先于 105℃干燥至恒重的 L-酪氨酸 0. 100 0 g,用盐酸(D. 4. 6)60 mL 溶解后定容至 100 mL,为 1 mg/mL 酪氨酸标准溶液。吸取 1 mg/mL 酪氨酸标准溶液 10. 00 mL,用盐酸(D. 4. 7)定容至 100 mL,即得到 100 μg/mL 的 L-酪氨酸标准溶液。

D. 5　仪器与设备

见 B. 5。

D. 6　测定

D. 6. 1　待测菌株的发酵培养

将活化好的待测菌株按一定比例接种到最适发酵培养基中,在适宜的条件下培养一定时间,即获得待测菌株的发酵产物。

D. 6. 2　待测酶液的制备

称取发酵产物(D. 6. 1)5. 00 g 或 5. 00 mL 于三角瓶中,加入一定体积的相应缓冲液,并稀释到一定浓度(推荐浓度范围为酶活力 10 u/mL~15 u/mL),然后 200 r/min 摇床振荡 30 min 后,再 3 000 r/min 离心 20 min,上清液即为待测酶液。

D. 6. 3　标准曲线绘制

D. 6. 3. 1　分别吸取 L-酪氨酸标准溶液(D. 4. 12)0. 00 mL、1. 00 mL、2. 00 mL、3. 00 mL、4. 00 mL、5. 00 mL,分别用水补足到至 10 mL,配制成浓度为 0 μg/mL、10 μg/mL、20 μg/mL、30 μg/mL、40 μg/mL、50 μg/mL L-酪氨酸标准溶液。

D. 6. 3. 2　分取上述溶液各 1. 00 mL(做 2 个平行),各加碳酸钠溶液(D. 4. 3)5. 00 mL、福林试剂使用溶液(D. 4. 2)1. 00 mL,置于 40℃±0. 2℃恒温水浴中显色 20 min 后取出。用分光光度计于 680 nm,以不含 L-酪氨酸的标准溶液为空白,分别测定其吸光度。以吸光度 A 为纵坐标,酪氨酸浓度为横坐标,绘制标准曲线。

D. 6. 4　样品测定

D. 6. 4. 1　将酪蛋白(D. 4. 11)溶液放入 40℃±0. 2℃恒温水浴中,预热 5 min。

D. 6. 4. 2　吸取待测酶液(D. 6. 2)1. 00 mL 放入试管中,置于 40℃±0. 2℃恒温水浴中 2 min。加入三氯乙酸(D. 4. 4)2. 00 mL,摇匀,置于 40℃±0. 2℃恒温水浴中 30 min,再加酪蛋白溶液(D. 6. 4. 1)1. 00 mL,摇匀。静止 10 min 后过滤(慢速定性试纸)。取滤液 1. 00 mL 加入另一试管中,再加入碳酸钠溶液(D. 4. 3)5. 00 mL、福林试剂使用液(D. 4. 2)1. 00 mL,置于 40℃±0. 2℃恒温水浴中显色 20 min 后取出,作为空白对照。

D. 6. 4. 3　吸取待测酶液(D. 6. 2)1. 00 mL 放入试管中(需作两个平行试样),置于 40℃±0. 2℃恒温水浴中 2 min。加入酪蛋白溶液(D. 6. 4. 1)1. 00 mL,摇匀,置于 40℃±0. 2℃恒温水浴中 30 min。再加入三氯乙酸 2. 00 mL,摇匀。静止 10 min 后过滤(慢速定性试纸)。取滤液 1. 00 mL 加入另一试管中,再加入碳酸钠溶液(D. 4. 3)5. 00 mL、福林试剂使用液(D. 4. 2)1. 00 mL,置于 40℃±0. 2℃恒温水浴中显色 20 min 后取出。

D. 6. 4. 4　用分光光度计于 680 nm 波长下,以空白对照调零点,测试样吸光度。

D.7 计算

样品的蛋白酶活力按式(1)计算：

$$X = \frac{A \times 4 \times D}{t} \quad \cdots\cdots (1)$$

式中：

X——样品的酶活力[u/g(mL)]；

A——由标准曲线得出的样品最终稀释液的酶活力(u/mL)；

4——反应试剂的总体积(mL)；

D——试样的总稀释倍数；

t——反应时间(min)。

D.8 重复性

每个试样取两份平行样进行分析测定，所得结果相对误差不超过10%，测定结果用二者算术平均值表示。

ICS 13.080
Z 18

中华人民共和国农业行业标准

NY/T 1848—2010

中性、石灰性土壤 铵态氮、有效磷、速效钾的测定 联合浸提—比色法

Method for determination of ammonium nitrogen , available phosphorus and rapidly-available potassium in neutrality or calcareous soil Universal extract-colorimetric method

2010-05-20 发布　　2010-09-01 实施

中华人民共和国农业部 发布

前　言

本标准由中华人民共和国农业部提出并归口。

本标准的附录 A 为资料性附录。

本标准起草单位:河南农业大学、全国农业技术推广服务中心。

本标准主要起草人:段铁城、高祥照、贾玮、杜森、杨素勤、赵玉正、张广俊、李伟华、郑隆凯。

中性、石灰性土壤铵态氮、有效磷、速效钾的测定 联合浸提—比色法

1 范围

本标准规定了中性、石灰性土壤铵态氮、有效磷、速效钾的速测用联合浸提—比色分析方法。

本标准适用于中性、石灰性土壤铵态氮、有效磷、速效钾进行快速测定。

2 规范性引用文件

下列文件中的条款通过本标准的引用而成为本标准的条款。凡是注日期的引用文件，其随后所有的修改单(不包括勘误的内容)或修订版均不适用于本标准，然而，鼓励根据本标准达成协议的各方研究是否可使用这些文件的最新版本。凡是不注日期的引用文件，其最新版本适用于本标准。

GB 6682 分析实验室用水规格和试验方法

NY/T 1121.1 土壤检测 第1部分：土壤样品的采集、处理和贮存

NY/T 1121.2 土壤检测 第2部分：土壤 pH 的测定

3 术语和定义

下列术语和定义适用于本标准。

联合浸提剂 universal extractant

适用于较广泛类型土壤，可同时提取多种有效养分的浸提剂溶液。

4 方法提要

联合浸提剂中的 Na^+ 可以与土壤胶体表面的 NH_4^+ 和 K^+ 进行交换，连同水溶性离子一起进入溶液。碳酸氢钠可以抑制溶液中 Ca^{2+} 的活度，使某些活性较大的磷酸钙盐被浸提出来；同时也可使活性磷酸铁、铝盐水解而被浸出。

浸出液中的铵离子与纳氏试剂反应生成黄色物质，在一定浓度范围内，其颜色深浅与溶液中铵态氮含量成正比，在 420 nm 波长下测定。

浸出液中的磷酸盐与酸化的钼酸铵溶液生成磷钼杂多酸，遇氯化亚锡被还原成一种深蓝色络合物磷钼蓝，其颜色深浅与磷含量成正比，在 685 nm 波长下测定。

浸出液中的钾离子与四苯硼钠作用，生成稳定的四苯硼钾沉淀，使溶液变混浊，在一定浓度范围内，浊度与溶液中钾含量成正比，在 685 nm 波长下测定。

5 主要仪器和设备

5.1 滤光光电比色计或可见分光光度计

5.2 往复式振荡器

满足(220±20) r/min 的震荡频率和(20±5) mm 的振幅，计时误差≤5 s/5 min。

5.3 磁力搅拌仪

转速不稳定度≤1%，计时误差≤5 s/5 min。

5.4 滴管或滴瓶[每滴(0.051±0.003) mL]

6 试剂和溶液

所用试剂除注明者外均为分析纯。水为符合《分析实验室用水规格和试验方法》(GB 6682)规定的三级水标准。

6.1 (1+9)硫酸溶液

6.2 (1+1)盐酸溶液

6.3 氢氧化钠溶液(100 g/L NaOH)

称取氢氧化钠(NaOH)100 g 溶于水,用水稀释到 1 L,摇匀。

6.4 联合浸提剂(0.374 mol/L Na_2SO_4 + 0.450 mol/L $NaHCO_3$,pH 8.5)

称取无水硫酸钠(Na_2SO_4)53.12 g,碳酸氢钠($NaHCO_3$)37.80 g,溶于约 800 mL 水中,用(1+9)硫酸溶液(6.1)或氢氧化钠溶液(6.3),将 pH 调至 8.5,用水定容至 1 L。

6.5 无磷活性炭

如果所用活性炭含磷,应先用 1+1 盐酸溶液(6.2)浸泡 12 h 以上,然后移放在平板漏斗上抽气过滤,用水淋洗 4 次~5 次,再用土壤联合浸提剂(6.4)浸泡 12 h 以上,在平板漏斗上抽气过滤,用水洗尽碳酸氢钠,并至无磷为止,烘干备用。

6.6 铵态氮掩蔽剂(400 g/L 酒石酸钾钠溶液)

称取酒石酸钾钠($KNaC_4H_4O_6 \cdot 4H_2O$)400.0 g,溶于约 700 mL 水中(可加热助溶);另称取氢氧化钠(NaOH)20.0 g,溶于约 100 mL 水中,稍冷却后加入酒石酸钾钠溶液中,转移到容量瓶中,以水定容至 1 L。

6.7 铵态氮助色剂(50 g/L 阿拉伯胶溶液)

称取阿拉伯胶粉 50.0 g,溶于约 300 mL 沸水中;另外称取氟化钠(NaF)30.0 g,溶于约 100 mL 水中后;两者相混,转移到容量瓶中,以去二氧化碳水定容至 1 L。静置过夜,取上层清液备用。

6.8 铵态氮显色剂(改进纳氏试剂)

称取碘化钾(KI)50.0 g,溶于约 50 mL 水中,边搅拌边加入饱和氯化汞($HgCl_2$)溶液,直至出现少量的紫红色沉淀经充分搅拌后仍不溶解为止。缓缓加入氢氧化钾(KOH)150.0 g,搅拌使其溶解,趁热转移至 1 L 容量瓶中,冷却、定容后转移至大烧杯中,静置过夜,取上层清液备用。

6.9 铵态氮强色剂(300 g/L 氢氧化钠溶液)

称取氢氧化钠(NaOH)300.0 g,溶于约 800 mL 水中,冷却至室温后,转移到容量瓶中,以水定容至 1 L。

6.10 有效磷掩蔽剂(10 g/L 酒石酸钠溶液)

量取 305 mL 浓硫酸缓缓注入盛有约 500 mL 蒸馏水的烧杯中,放置冷却,加入 10.0 g 酒石酸钠($Na_2C_4H_4O_6 \cdot 2H_2O$),搅拌溶解后,转移到容量瓶中,加水定容至 1 L。

6.11 有效磷显色剂(35 g/L 钼酸铵溶液)

量取 146 mL 浓硫酸溶于约 500 mL 水中,冷却放置;另取 35.0 g 钼酸铵[$(NH_4)_6Mo_2O_7 \cdot 4H_2O$]溶于约 200 mL 水中;将硫酸液缓缓倒入钼酸铵溶液中,边加边搅拌,混匀后,转移到容量瓶中,加水定容至 1 L。

6.12 有效磷还原剂(20 g/L 氯化亚锡甘油溶液)

称取氯化亚锡($SnCl_2$)20.0 g,溶于 100.0 mL 盐酸中(稍加热助溶,尽可能少摇动,该操作在通风厨内进行),充分溶解后转入 1 L 容量瓶中,以甘油定容,摇匀。

6.13 速效钾掩蔽剂(5 g/L 硫酸铜+12 g/L 酒石酸溶液)

称取硫酸铜($CuSO_4 \cdot 5H_2O$)5.0 g,酒石酸($C_4H_6O_6$)12.0 g,溶于约 500 mL 水中,加入浓硫酸 200.0 mL,冷却至室温后,转移到容量瓶中,用水定容至 1 L。

6.14 **速效钾助掩剂(75 g/L EDTA 二钠溶液)**

称取 EDTA 二钠($C_{10}H_{14}N_2O_8Na_2 \cdot 2H_2O$)75.0 g,氢氧化钠(NaOH)130.0 g 溶于适量水中,冷却后,转移到容量瓶中,用水定容至 1 L。

6.15 **速效钾浊度剂(62.5 g/L 四苯硼钠溶液)**

称取氢氧化钠(NaOH)8.0 g 溶于约 80 mL 水中,冷却后定容至 100 mL,即为 2 mol/L 的氢氧化钠溶液,备用;另称取四苯硼钠[$NaB(C_6H_5)_4$]62.5 g,溶于约 900 mL 水中,加入 0.5 mL 已配成的 2 mol/L 的氢氧化钠溶液,摇匀,转移到容量瓶中,以水定容至 1 L,过滤至溶液澄清。

6.16 **土壤混合标准储备溶液(含 240 mg/L NH_4^+-N、240 mg/L P_2O_5、1 000 mg/L K_2O)**

称取磷酸二氢钾(KH_2PO_4)0.460 2 g,硫酸铵[$(NH_4)_2SO_4$]1.131 9 g,硝酸钾(KNO_3)1.732 3 g,硫酸钾(K_2SO_4)0.061 1 g 溶于约 800 mL 水中,加入浓硫酸(H_2SO_4)10.0 mL,完全溶解后,转移到容量瓶中,以水定容至 1 L。

6.17 **土壤混合标准溶液(含 2.40 mg/L NH_4^+-N、2.40 mg/L P_2O_5、10.0 mg/L K_2O)**

吸取 1.0 mL 土壤混合标准储备溶液(6.16),以土壤联合浸提剂(6.4)稀释至 100.0 mL,摇匀。

7 分析步骤

7.1 试样的制备

土壤样品的采集、处理和贮存参照 NY/T 1121.1。

7.2 土壤 pH 的测定

按照 NY/T 1121.2 测定土壤的 pH。当 pH≥6.5 时,铵态氮、有效磷、速效钾的测定采用下面方法。

7.3 试液的制备

可选 7.3.1 或 7.3.2 中一种方法

7.3.1 机械振荡法

称取 2.5×(1+含水量) g(精确到 0.01 g)新鲜土样或 2.5 g(精确到 0.01 g)通过 2 mm 筛孔的风干试样,置于 100 mL 锥形瓶内,加入无磷活性炭(6.5)约 0.5 g,加入土壤联合浸提剂(6.4)50.0 mL,盖紧瓶塞,保持温度 25℃±2 ℃,频率 220 r/min,振荡 10 min,干过滤。滤液即可用于土壤铵态氮、有效磷和速效钾的快速测定。

7.3.2 磁力搅拌仪法

称取 2.5×(1+含水量) g(精确到 0.01 g)新鲜土样或 2.5 g(精确到 0.01 g)通过 2 mm 筛孔的风干试样,置于 100 mL 锥形瓶内,加入无磷活性炭(6.5)约 0.5 g,加入土壤联合浸提剂(6.4)50.0 mL,盖紧瓶塞,然后放在磁力搅拌仪托盘上,保持温度为 25℃±2 ℃,转速 1 200 r/min,搅拌 8 min,干过滤。滤液即可用于土壤铵态氮、有效磷和速效钾的测定。

注:当某类型的土壤首次应用联合浸提剂测定土壤主要养分时,建议进行联合浸提—比色法测定值与常规浸提测定值换算系数的制定(方法参见附录 A)。

7.4 铵态氮的显色和测定

7.4.1 显色

吸取土壤联合浸提剂(6.4)2.0 mL 于一只玻璃瓶中作空白,吸取土壤混合标准溶液(6.17)2.0 mL 于另一玻璃瓶中,吸取土壤浸提滤液(7.2)2.0 mL 于第三只玻璃瓶中,依次加入:土壤铵态氮掩蔽剂(6.6)6 滴,土壤铵态氮助色剂(6.7)3 滴,土壤铵态氮显色剂(6.8)4 滴,土壤铵态氮强色剂(6.9)4 滴。摇匀后,静置 10 min。

7.4.2 测定

将待测液分别转移到 10 mm 比色皿中,在 420 nm 波长下,以空白液调零后,将标准液放入比色槽中,按 7.4.2.1 或 7.4.2.2 进行测定。

7.4.2.1 **直读法**

在浓度测定档将标准液调值设为 48.0,然后将待测液置入比色槽中,显示数值即为试样中铵态氮含量(mg/kg)。

7.4.2.2 **计算法**

在吸光度测定档分别测定标准液和待测液的吸光度值。

试样中铵态氮的含量按公式(1)进行计算。

$$铵态氮(N),mg/kg=\frac{A_2}{A_1}\times 48.0 \qquad (1)$$

式中:

A_1——标准液的吸光度值;

A_2——待测液的吸光度值。

平均测定结果以算术平均值表示,精确到小数点后一位。

7.5 **有效磷的显色和测定**

7.5.1 **显色**

吸取联合浸提剂(6.4)2.0 mL 于一只玻璃瓶中作空白,吸取土壤混合标准溶液(6.17)2.0 mL 于另一玻璃瓶中,吸取土壤浸提滤液(7.2)2.0 mL 于第三只玻璃瓶中,加入土壤有效磷掩蔽剂(6.10)4 滴,摇匀至无气泡,然后依次加入土壤有效磷显色剂(6.11)5 滴,土壤有效磷还原剂(6.12)1 滴。摇匀后,静置 10 min。

7.5.2 **测定**

将待测液分别转移到 10 mm 比色皿中,在 685 nm 波长下,以空白液调零后,将标准液放入比色槽中,按 7.5.2.1 或 7.5.2.2 进行测定。

7.5.2.1 **直读法**

在浓度测定档将标准液调值设为 48.0,然后将待测液置入比色槽中,显示数值即为试样中有效磷含量(P_2O_5,mg/kg)。

7.5.2.2 **计算法**

在吸光度测定档分别测定标准液和待测液的吸光度值。

试样中有效磷的含量按公式(2)进行计算。

$$有效磷(P_2O_5),mg/kg=\frac{A_2}{A_1}\times 48.0 \qquad (2)$$

式中:

A_1——标准液的吸光度值;

A_2——待测液的吸光度值。

平均测定结果以算术平均值表示,精确到小数点后一位。

7.6 **速效钾的显色和测定**

7.6.1 **显色**

吸取联合浸提剂(6.4)2.0 mL 于一只玻璃瓶中作空白,吸取土壤混合标准溶液(6.17)2.0 mL 于另一玻璃瓶中,吸取土壤浸提滤液(7.2)2.0 mL 于第三只玻璃瓶中,依次加入:土壤速效钾掩蔽剂(6.13)2 滴,土壤速效钾助掩剂(6.14)6 滴,土壤速效钾浊度剂(6.15)4 滴。摇匀,立即测定。

7.6.2 **测定**

将待测液分别转移到 10 mm 比色皿中,在 685 nm 波长下,以空白液调零后,将标准液放入比色槽中,按 7.6.2.1 或 7.6.2.2 进行测定。

7.6.2.1 直读法

在浓度测定档将标准液调值设为200.0,然后将待测液置入比色槽中,显示数值即为试样中速效钾含量(K_2O,mg/kg)。

7.6.2.2 计算法

在吸光度测定档分别测定标准液和待测液的吸光度值。

试样中速效钾的含量按公式(3)进行计算。

$$速效钾(K_2O),mg/kg=\frac{A_2}{A_1}\times 200.0 \quad (3)$$

式中:

A_1——标准液的吸光度值;

A_2——待测液的吸光度值。

平均测定结果以算术平均值表示,精确到小数点后一位。

8 精密度

8.1 铵态氮

平行测定相对相差≤10%。

8.2 有效磷

测定值 P_2O_5,mg/kg	允许差 P_2O_5,mg/kg
≤20	平行测定绝对相差≤2.0
>20	平行测定相对相差≤10%

8.3 速效钾

平行测定相对相差≤10%。

9 注释

本方法铵态氮最低检出限为0.10 mg/L,线性范围为0.3 mg/L ~12.0 mg/L;

本方法有效磷最低检出限为0.12 mg/L,线性范围为0.3 mg/L~6.0 mg/L;

本方法速效钾最低检出限为0.45 mg/L,线性范围为2.0 mg/L~20.0 mg/L。

附 录 A
（资料性附录）
联合浸提剂快速测定值与常规浸提测定值换算系数的制定方法

A.1 土壤样品采集

采集20个以上有代表性土壤样品，养分含量分布于高、中、低各个水平，避免过于集中，最大含量与最小含量之比应大于3。

A.2 样品分析

A.2.1 联合浸提测定

采用本标准提供的浸提方法和适于快速测定的通用分析方法对新鲜土壤样品进行化验分析，对同一土样要进行平行测定，其相对相差不大于8%，否则应当重测，测定后取平均值作为联合浸提快速测定结果。

A.2.2 常规浸提测定

按照LY/T 1231—1999森林土壤铵态氮的测定、农业行业标准NY/T 148—1990石灰性土壤有效磷测定方法以及NY/T 889—2004土壤速效钾和缓效钾含量的测定的分析方法对土壤样品进行化验分析，取得常规浸提测定值。

A.3 相关性检验

A.3.1 对照联合浸提快速测定和常规浸提测定值，对个别表现规律不同、可疑的数据进行复查或粗大误差数据剔除。将两组数据进行一元线性回归，求出回归方程 $Y = a + bX$ 的系数 a 和 b，检验其相关系数r，要求r值的显著性水平达到0.01，即极显著水平。

A.3.2 当相关系数达不到0.01显著水平时，可能是由于样本数量过小或样本中的各土壤养分含量差距过小，可将回归数据组增加一个(0,0)数据，该数据相当于把空白液作为一个测试数据，但不改变原评价相关性的自由度，增加这一数据后，如相关系数的显著性明显改善，则表明原有样本养分含量差距不够。

A.3.3 增加(0,0)数据后相关性仍无明显改善时，可能是因为速测浸提与常规浸提相关性不好，也可能是由于分析操作、数据处理失误或其它方面的原因，需进一步查找。

A.4 换算系数的确定

A.4.1 当回归方程常数项 $a=0$ 或小于允许测定误差一个数量级时，系数 b 即为所求的换算系数。

A.4.2 当回归方程常数项 a 不接近0，但其数值小于允许测定误差的1/3时，可在回归数据组中增加多个(0,0)，对回归曲线斜率 b 进行修正，直至 a 值接近0时，此时回归系数 b 即为换算系数。

A.4.3 当回归方程常数项 a 大于允许测定误差的1/3时，可使用回归方程代替换算系数。

ICS 13.080
Z 18

中华人民共和国农业行业标准

NY/T 1849—2010

酸性土壤
铵态氮、有效磷、速效钾的测定
联合浸提—比色法

Method for determination of ammonium nitrogen, available phosphorus and rapidly-available potassium in acid soil Universal extract-colorimetric method

2010-05-20 发布　　2010-09-01 实施

中华人民共和国农业部 发布

前　言

本标准由中华人民共和国农业部提出并归口。

本标准的附录 A 为资料性附录。

本标准起草单位:河南农业大学、全国农业技术推广服务中心。

本标准主要起草人:段铁城、高祥照、贾玮、杜森、杨素勤、赵玉正、张广俊、郑隆凯、樊羿。

酸性土壤铵态氮、有效磷、速效钾的测定
联合浸提—比色法

1 范围

本标准规定了酸性土壤铵态氮、有效磷、速效钾的速测用联合浸提—比色分析方法。

本标准适用于酸性土壤铵态氮、有效磷、速效钾进行快速测定。

2 规范性引用文件

下列文件中的条款通过本标准的引用而成为本标准的条款。凡是注日期的引用文件，其随后所有的修改单(不包括勘误的内容)或修订版均不适用于本标准，然而，鼓励根据本标准达成协议的各方研究是否可使用这些文件的最新版本。凡是不注日期的引用文件，其最新版本适用于本标准。

GB 6682 分析实验室用水规格和试验方法

NY/T 1121.1 土壤检测 第1部分：土壤样品的采集、处理和贮存

NY/T 1121.2 土壤检测 第2部分：土壤pH的测定

3 术语和定义

下列术语和定义适用于本标准。

联合浸提剂 universal extractant

适用于较广泛类型土壤，可同时提取多种有效养分的浸提剂溶液。

4 方法提要

联合浸提剂中的 Na^+ 可以与土壤胶体表面的 NH_4^+ 和 K^+ 进行交换，连同水溶性离子一起进入溶液。酸性土壤中的磷主要以Fe—P和Al—P形态存在，利用 F^- 在酸性溶液中络合 Fe^{3+} 和 Al^{3+} 的能力，使一定量的比较活性的磷酸铁、磷酸铝中的磷释放出来，同时由于 H^+ 的作用亦溶解出部分活性较大的Ca—P中的磷。

浸出液中的铵离子与纳氏试剂反应生成黄色物质，在一定浓度范围内，其颜色深浅与溶液中铵态氮含量成正比，在420 nm波长下测定。

浸出液中的磷酸盐与酸化的钼酸铵溶液生成磷钼杂多酸，遇氯化亚锡被还原成一种深蓝色络合物磷钼蓝，其颜色深浅与磷含量成正比，在685 nm波长下测定。

浸出液中的钾离子与四苯硼钠作用，生成稳定的四苯硼钾沉淀，使溶液变混浊，在一定浓度范围内，浊度与溶液中钾含量成正比，在685 nm波长下测定。

5 主要仪器和设备

5.1 滤光光电比色计或可见分光光度计

5.2 往复式振荡器

满足(220±20) r/min的震荡频率和(20±5) mm的振幅，计时误差≤5 s/5 min。

5.3 磁力搅拌仪

转速不稳定度≤1%，计时误差≤5 s/5 min。

5.4 滴管或滴瓶[每滴(0.051±0.003) mL]

6 试剂和溶液

所用试剂除注明者外均为分析纯。水为符合《分析实验室用水规格和试验方法》(GB 6682)规定的三级水标准。

6.1 (1+1)盐酸溶液

6.2 碳酸氢钠溶液(42 g/L $NaHCO_3$)

称取碳酸氢钠($NaHCO_3$)42 g 溶于水,用水稀释到 1 L,摇匀。

6.3 联合浸提剂(0.015 mol/L NaF+0.025 mol/L Na_2SO_4+0.2 mol/L CH_3COONa+0.001 mol/L EDTA 二钠)

称取氟化钠(NaF)0.63 g,无水硫酸钠(Na_2SO_4)3.55 g,无水乙酸钠(CH_3COONa)16.41 g,EDTA 二钠($C_{10}H_{14}N_2O_8Na_2 \cdot 2H_2O$)0.37 g 溶于约 600 mL 水,加入浓硫酸(H_2SO_4)5.8 mL,转移到容量瓶中,用水定容至 1 L。

6.4 无磷活性炭

如果所用活性炭含磷,应先用 1+1 盐酸溶液(6.1)浸泡 12 h 以上,然后移放在平板漏斗上抽气过滤,用水淋洗 4 次～5 次,再用碳酸氢钠溶液(6.2)浸泡 12 h 以上,在平板漏斗上抽气过滤,用水洗尽碳酸氢钠,并至无磷为止,烘干备用。

6.5 铵态氮掩蔽剂(400 g/L 酒石酸钾钠溶液)

称取酒石酸钾钠($KNaC_4H_4O_6 \cdot 4H_2O$)400.0 g,溶于约 700 mL 水中(可加热助溶);另称取氢氧化钠(NaOH)20.0 g,溶于约 100 mL 水中,稍冷却后加入酒石酸钾钠溶液中,转移到容量瓶中,以水定容至 1 L。

6.6 铵态氮助色剂(50 g/L 阿拉伯胶溶液)

称取阿拉伯胶粉 50.0 g,溶于约 300 mL 沸水中;另外称取氟化钠(NaF)30.0 g,溶于约 100 mL 水中后;两者相混,转移到容量瓶中,以去二氧化碳水定容至 1 L。静置过夜,取上层清液备用。

6.7 铵态氮显色剂(改进纳氏试剂)

称取碘化钾(KI)50.0 g,溶于约 50 mL 水中,边搅拌边加入饱和氯化汞($HgCl_2$)溶液,直至出现少量的紫红色沉淀经充分搅拌后仍不溶解为止。缓缓加入氢氧化钾(KOH)150.0 g,搅拌使其溶解,趁热转移至 1 L 容量瓶中,冷却、定容后转移至大烧杯中,静置过夜,取上层清液备用。

6.8 铵态氮强色剂(300 g/L 氢氧化钠溶液)

称取氢氧化钠(NaOH)300.0 g,溶于约 800 mL 水中,冷却至室温后,转移到容量瓶中,以水定容至 1 L。

6.9 有效磷掩蔽剂(40 g/L 酒石酸钠溶液)

称取 40.0 g 酒石酸钠($Na_2C_4H_4O_6 \cdot 2H_2O$)溶于约 200 mL 水中;另量取 122 mL 浓硫酸溶于约 500 mL 水中,冷却;将硫酸液缓缓倒入酒石酸钠溶液中,边加边搅拌,混匀后,转移到容量瓶中,加水定容至 1 L。

6.10 有效磷显色剂(35 g/L 钼酸铵溶液)

量取 146 mL 浓硫酸溶于约 500 mL 水中,放置冷却;另取 35.0 g 钼酸铵[$(NH_4)_6Mo_2O_7 \cdot 4H_2O$]溶于约 200 mL 水中;将硫酸液缓缓倒入钼酸铵溶液中,边加边搅拌,混匀后,转移到容量瓶中,加水定容至 1 L。

6.11 有效磷还原剂(20 g/L 氯化亚锡甘油溶液)

称取氯化亚锡($SnCl_2$)20.0 g,溶于 100.0 mL 盐酸中(稍加热助溶,尽可能少摇动,该操作在通风厨内进行),充分溶解后转入 1 L 容量瓶中,以甘油定容。

6.12 速效钾掩蔽剂(25 g/L EDTA 二钠溶液)

准确量取 500 mL 甲醛于 1 L 容量瓶中；另称取 25.0 g EDTA 二钠($C_{10}H_{14}N_2O_8Na_2 \cdot 2H_2O$)溶于约 300 mL 水中；将后者转移至前者中，混匀后，加入 12.5 mL 三乙醇胺，转移到容量瓶中，定容至 1 L。

6.13 速效钾助掩剂(300 g/L 氢氧化钠溶液)

称取氢氧化钠(NaOH)300.0 g，溶于约 800 mL 水中，冷却至室温后，转移到容量瓶中，以水定容至 1 L。

6.14 速效钾浊度剂(62.5 g/L 四苯硼钠溶液)

称取氢氧化钠(NaOH)8.0 g 溶于约 80 mL 水中，冷却后定容至 100 mL，即为 2 mol/L 的氢氧化钠溶液，备用；另称取四苯硼钠[$NaB(C_6H_5)_4$]62.5 g，溶于约 900 mL 水中，加入 0.5 mL 已配成的 2 mol/L 的氢氧化钠溶液，摇匀，转移到容量瓶中，以水定容至 1 L，过滤至溶液澄清。

6.15 土壤混合标准储备溶液(含 240 mg/L NH_4^+－N、240 mg/L P_2O_5、1 400 mg/L K_2O)

称取磷酸二氢钾(KH_2PO_4)0.460 2 g，硫酸铵[$(NH_4)_2SO_4$]1.131 9 g，硝酸钾(KNO_3)1.732 3 g，硫酸钾(K_2SO_4)0.802 3 g，溶于约 800 mL 水中，加入浓硫酸(H_2SO_4)10.0 mL，完全溶解后，转移到容量瓶中，以水定容至 1 L。

6.16 土壤混合标准溶液(含 2.40 mg/L NH_4^+－N、2.40 mg/L P_2O_5、14.0 mg/L K_2O)

吸取 1.0 mL 土壤混合标准储备溶液(6.15)到容量瓶中，以土壤联合浸提剂(6.3)定容至 100.0 mL，摇匀。

7 分析步骤

7.1 试样的制备

土壤样品的采集、处理和贮存参照 NY/T 1121.1。

7.2 土壤 pH 的测定

按照 NY/T 1121.2 测定土壤的 pH。当 pH＜6.5 时，铵态氮、有效磷、速效钾的测定采用下面方法。

7.3 试液的制备

按照 7.3.1 或 7.3.2 方法之一进行试液的制备。

7.3.1 机械振荡法

称取 5×(1＋含水量)g(精确到 0.01 g)新鲜土样或 5 g(精确到 0.01 g)通过 2 mm 筛孔的风干试样，置于 100 mL 锥形瓶内，加入无磷活性炭(6.4)约 0.5 g，加入土壤联合浸提剂(6.3)25.0 mL，盖紧瓶塞，保持温度 25℃±2℃，频率 220 r/min，振荡 10 min，干过滤。滤液即可用于土壤铵态氮、有效磷和速效钾的测定。

7.3.2 磁力搅拌仪法

称取 5×(1＋含水量)g(精确到 0.01 g)新鲜土样或 5 g(精确到 0.01 g)通过 2 mm 筛孔的风干试样，置于 100 mL 锥形瓶内，加入无磷活性炭(6.4)约 0.5 g，加入土壤联合浸提剂(6.3)25.0 mL，盖紧瓶塞，然后放在磁力搅拌仪托盘上，保持温度为 25℃±2℃，转速 1 200 r/min，搅拌 8 min，干过滤。滤液即可用于土壤铵态氮、有效磷和速效钾的测定。

注：当某类型的土壤首次应用联合浸提剂测定土壤主要养分时，建议进行联合浸提－比色测定值与常规浸提测定值换算系数的制定(方法参见附录 A)。

7.4 铵态氮的显色和测定

7.4.1 显色

吸取土壤联合浸提剂(6.3)2.0 mL 于一只玻璃瓶中作空白，吸取土壤混合标准溶液(6.16)2.0 mL 于另一玻璃瓶中，吸取土壤浸提滤液(7.2)2.0 mL 于第三只玻璃瓶中，依次加入：土壤铵态氮掩蔽剂(6.5)6 滴，土壤铵态氮助色剂(6.6)3 滴，土壤铵态氮显色剂(6.7)4 滴，土壤铵态氮强色剂(6.8)4 滴。

摇匀后，静置 10 min。

7.4.2 测定

将待测液分别转移到 10 mm 比色皿中，在 420 nm 波长下，以空白液调零后，将标准液放入比色槽中，按 7.4.2.1 或 7.4.2.2 进行测定。

7.4.2.1 直读法

在浓度测定档将标准液调值设为 12.0，然后将待测液置入比色槽中，显示数值即为试样中铵态氮含量(mg/kg)。

7.4.2.2 计算法

在吸光度测定档分别测定标准液和待测液的吸光度值。

试样中铵态氮的含量按公式(1)进行计算。

$$铵态氮(N),mg/kg=\frac{A_2}{A_1}\times 12.0 \quad\cdots\cdots\cdots\cdots (1)$$

式中：

A_1——标准液的吸光度值；

A_2——待测液的吸光度值。

平均测定结果以算术平均值表示，精确到小数点后一位。

7.5 有效磷的显色和测定

7.5.1 显色

吸取联合浸提剂(6.3)2.0 mL 于一只玻璃瓶中作空白，吸取土壤混合标准溶液(6.16)2.0 mL 于另一玻璃瓶中，吸取土壤浸提滤液(7.2)2.0 mL 于第三只玻璃瓶中，加入土壤有效磷掩蔽剂(6.9)5 滴，摇匀至无气泡，然后依次加入土壤有效磷显色剂(6.10)5 滴，土壤有效磷还原剂(6.11)1 滴。摇匀后，静置 10 min。

7.5.2 测定

将待测液分别转移到 10 mm 比色皿中，在 685 nm 波长下，以空白液调零后，将标准液放入比色槽中，按 7.5.2.1 或 7.5.2.2 进行测定。

7.5.2.1 直读法

在浓度测定档将标准液调值设为 12.0，然后将待测液置入比色槽中，显示数值即为试样中有效磷含量(P_2O_5,mg/kg)。

7.5.2.2 计算法

在吸光度测定档分别测定标准液和待测液的吸光度值。

试样中有效磷的含量按公式(2)进行计算。

$$有效磷(P_2O_5),mg/kg=\frac{A_2}{A_1}\times 12.0 \quad\cdots\cdots\cdots\cdots (2)$$

式中：

A_1——标准液的吸光度值；

A_2——待测液的吸光度值。

平均测定结果以算术平均值表示，精确到小数点后一位。

7.6 速效钾的显色和测定

7.6.1 显色

吸取土壤联合浸提剂(6.3)2.0 mL 于一只玻璃瓶中作空白，吸取土壤混合标准溶液(6.16)2.0 mL 于另一玻璃瓶中，吸取土壤浸提滤液(7.2)2.0 mL 于第三只玻璃瓶中，依次加入：土壤速效钾掩蔽剂(6.12)6 滴，土壤速效钾助掩剂(6.13)2 滴，土壤速效钾浊度剂(6.14)4 滴。摇匀，立即测定。

7.6.2 **测定**

将待测液分别转移到 10 mm 比色皿中，在 685 nm 波长下，以空白液调零后，将标准液放入比色槽中，按 7.6.2.1 或 7.6.2.2 进行测定。

7.6.2.1 **直读法**

在浓度测定档将标准液调值设为 70.0，然后将待测液置入比色槽中，显示数值即为试样中速效钾含量(K_2O,mg/kg)。

7.6.2.2 **计算法**

在吸光度测定档分别测定标准液和待测液的吸光度值。

试样中速效钾的含量按公式(3)进行计算。

$$\text{速效钾}(K_2O),\text{mg/kg}=\frac{A_2}{A_1}\times 70.0 \quad \cdots\cdots (3)$$

式中：

A_1——标准液的吸光度值；

A_2——待测液的吸光度值。

平均测定结果以算术平均值表示，精确到小数点后一位。

8 精密度

8.1 铵态氮

平行测定相对相差≤10%。

8.2 有效磷

平行测定相对相差≤10%。

8.3 速效钾

平行测定相对相差≤10%。

9 注释

本方法铵态氮最低检出限为 0.10 mg/L，线性范围为 0.3 mg/L～12.0 mg/L；

本方法有效磷最低检出限为 0.12 mg/L，线性范围为 0.3 mg/L～6.0 mg/L；

本方法速效钾最低检出限为 0.45 mg/L，线性范围为 2.0 mg/L～20.0 mg/L。

附 录 A
(资料性附录)
联合浸提剂快速测定值与常规浸提测定值换算系数的制定方法

A.1 土壤样品采集

采集 20 个以上代表性土壤样品，养分含量分布于高、中、低各个水平，避免过于集中，最大含量与最小含量之比应大于 3。

A.2 样品分析

A.2.1 联合浸提快速测定

采用本标准提供的浸提方法和适于快速测定的通用分析方法对新鲜土壤样品进行化验分析，对同一土样要进行平行测定，其相对相差不大于 8%，否则应当重测，测定后取平均值作为联合浸提快速测定结果。

A.2.2 常规浸提测定

按照 LY/T 1231—1999 森林土壤铵态氮的测定、农业行业标准 NY/T 1121.7—2006 土壤检测第 7 部分：酸性土壤有效磷的测定以及 NY/T 889—2004 土壤速效钾和缓效钾含量的测定的分析方法对土壤样品进行化验分析，取得常规浸提测定值。

A.3 相关性检验

A.3.1 对照联合浸提快速测定和常规浸提测定值，对个别表现规律不同、可疑的数据进行复查或粗大误差数据剔除。将两组数据进行一元线性回归，求出回归方程 $Y=a+bX$ 的系数 a 和 b，检验其相关系数 r，要求 r 值的显著性水平达到 0.01，即极显著水平；

A.3.2 当相关系数达不到 0.01 显著水平时，可能是由于样本数量过小或样本中的各土壤养分含量差距过小，可将回归数据组增加一个(0,0)数据，该数据相当于把空白液作为一个测试数据，但不改变原评价相关性的自由度，增加这一数据后，如相关系数的显著性明显改善，则表明原有样本养分含量差距不够；

A.3.3 增加(0,0)数据后相关性仍无明显改善时，可能是因为速测浸提与常规浸提相关性不好，也可能是由于分析操作、数据处理失误或其它方面的原因，需进一步查找。

A.4 换算系数的确定

A.4.1 当回归方程常数项 $a=0$ 或小于允许测定误差一个数量级时，系数 b 即为所求的换算系数；

A.4.2 当回归方程常数项 a 不接近 0，但其数值小于允许测定误差的 1/3 时，可在回归数据组中增加多个(0,0)，对回归曲线斜率 b 进行修正，直至 a 值接近 0 时，此时回归系数 b 即为换算系数；

A.4.3 当回归方程常数项 a 大于允许测定误差的 1/3 时，可使用回归方程代替换算系数。

ICS 65.080
G 20

中华人民共和国农业行业标准

NY/T 1867—2010

土壤腐殖质组成的测定 焦磷酸钠-氢氧化钠提取 重铬酸钾氧化容量法

Determination of humus content in soil

2010-05-20 发布

2010-09-01 实施

中华人民共和国农业部 发布

前　言

本标准由农业部种植业管理司提出并归口。

本标准起草单位：全国农业技术推广服务中心、中国农科院农业资源与农业区划研究所、中国农业大学资源与环境学院、太原土壤肥料测试中心。

本标准主要起草人：杜森、李秀英、李花粉、郭延峰、孙立艳、杨帆、马常宝。

土壤腐殖质组成的测定 焦磷酸钠-氢氧化钠提取重铬酸钾氧化容量法

1 范围

本标准规定了焦磷酸钠-氢氧化钠提取，重铬酸钾氧化容量法测定土壤腐殖质组成的方法。

本标准适用于各类土壤腐殖质组成的测定。

2 规范性引用文件

下列文件中的条款通过本标准的引用而成为本标准的条款。凡是注日期的引用文件，其随后所有的修改单(不包括勘误的内容)或修订版均不适用于本标准，然而，鼓励根据本标准达成协议的各方研究是否可使用这些文件的最新版本。凡是不注日期的引用文件，其最新版本适用于本标准。

GB/T 6682 分析实验室用水规格和试验方法

NY/T 85 土壤有机质测定法

3 原理

土壤腐殖质按其溶解度分为可溶性腐殖质(胡敏酸和富里酸)及不溶性腐殖质(胡敏素)。用 0.1 mol/L 焦磷酸钠-氢氧化钠混合液提取可溶性腐殖质，采用重铬酸钾氧化容量法测定胡敏酸和富里酸总量。提取液经酸化沉淀分离胡敏酸，并测定其含量，计算可得富里酸含量。测定土壤样品总碳量，减去胡敏酸和富里酸含量即为胡敏素含量。

4 试剂和材料

本标准所用试剂在未注明规格时，均为分析纯试剂。本标准用水应符合 GB/T 6682 中三级水之规定。

4.1 氢氧化钠(0.1 mol/L)-焦磷酸钠(0.1 mol/L)混合提取液(pH13)：称取 4.0 g 氢氧化钠和 44.6 g 焦磷酸钠($Na_4P_2O_7 \cdot 10H_2O$)溶于水，稀释至 1 L。

4.2 氢氧化钠溶液：$c(NaOH)=0.05$ mol/L，称取 2.0 g 氢氧化钠溶于水，稀释至 1 L。

4.3 硫酸溶液：$c(1/2H_2SO_4)=1$ mol/L，吸取 30 mL 硫酸(ρ1.84 g/mL)，缓缓加入水中，冷却后稀释至 1 L。

4.4 硫酸溶液：$c(1/2H_2SO_4)=0.05$ mol/L，吸取 1 mol/L，硫酸溶液 50 mL，加入水中，冷却后稀释至 1 L。

4.5 其他试剂：同 NY/T 85 中第 4 章。

5 仪器与设备

5.1 分析实验室通常使用的仪器设备。

5.2 恒温水浴锅。

5.3 振荡机(控温 25℃±2℃，满足 180 r/min±20 r/min 的振荡频率或达到相同效果)。

5.4 其他设备同 NY/T85 中第 3 章。

6 分析步骤

6.1 腐殖质总量的测定

按 NY/T 85 土壤有机质测定法规定测定，按 7.1 公式计算腐殖质总量。

6.2 胡敏酸和富里酸含量的测定

6.2.1 试样溶液的制备

称取过 0.25 mm 孔径筛的风干试样 5.00 g 于 250 mL 三角瓶中，加入 100 mL 氢氧化钠-焦磷酸钠混合提取液，塞紧瓶塞后于 25℃±2℃、在恒温振荡机上振荡 30 min±2 min，稍静止后，微微转动三角瓶，用上清液洗下黏在瓶壁上的土粒，静置约 24 h(温度约 25℃)，将溶液充分摇匀进行过滤或离心，使滤液清澈，弃去残渣，滤液收集于三角瓶中。

6.2.2 胡敏酸和富里酸含量的测定

吸取试样溶液 2.00 mL～10.00 mL(视滤液颜色深浅而定)于 150 mL 三角瓶中，用 1 mol/L 硫酸溶液中和至 pH7.0(可用 pH 试纸检验)，放入水浴锅中蒸干，按 NY/T 85 中 6.1～6.4 规定测定碳量，为胡敏酸+富里酸含量。

6.2.3 胡敏酸含量的测定

吸取试样溶液 20.0 mL～50.0 mL(视滤液颜色深浅而定)于 200 mL 烧杯中，在加热条件下逐滴加入 1 mol/L 硫酸溶液，使 pH 为 1～1.5(可用 pH 试纸检验，此时应出现胡敏酸絮状沉淀)。将烧杯放入约 80℃恒温水浴中保温 30 min 后静置过夜，使胡敏酸与富里酸充分分离。次日用慢速滤纸过滤或离心，用 0.05 mol/L 硫酸溶液洗涤沉淀，至洗涤液无色为止(约 150 mL 洗涤液)，弃去滤液，将沉淀用热的 0.05 mol/L 氢氧化钠溶液少量多次快速洗涤溶解至 25 mL～100 mL 容量瓶中(视沉淀多少而定)，用 0.05 mol/L 氢氧化钠溶液定容。吸取 5.00 mL～20.00 mL(视胡敏酸含量多少而定)于 150 mL 三角瓶中，用 1 mol/L 硫酸溶液中和至 pH7.0(可用 pH 试纸检验)，放入水浴锅中蒸干，按 NY/T85 中 6.1～6.4 规定测定碳量，为胡敏酸含量。

7 结果计算

7.1 腐殖质总碳量 X_0 以质量分数计，数值以克每千克(g/kg)表示，按式(1)计算：

$$X_0 = \frac{(V_0 - V) \times c \times 0.003}{m} \times 1\,000 \quad (1)$$

式中：

V_0——空白试验时，消耗硫酸亚铁标准溶液的体积，单位为毫升(mL)；

V——样品测定时，消耗硫酸亚铁标准溶液的体积，单位为毫升(mL)；

c——硫酸亚铁标准溶液的浓度，单位为摩尔每升(mol/L)；

0.003——1/4 碳原子的毫摩尔质量，单位为克每摩尔(g/mol)；

m——试样的质量，单位为克(g)。

7.2 胡敏酸+富里酸总碳量 X_1 以质量分数计，数值以克每千克(g/kg)表示，按式(2)计算：

$$X_1 = \frac{(V_{01} - V_1) \times c \times 0.003 \times D_1}{m} \times 1\,000 \quad (2)$$

式中：

V_{01}——空白试验时，消耗硫酸亚铁标准溶液的体积，单位为毫升(mL)；

V_1——样品测定时，消耗硫酸亚铁标准溶液的体积，单位为毫升(mL)；

c——硫酸亚铁标准溶液的浓度，单位为摩尔每升(mol/L)；

0.003——1/4 碳原子的毫摩尔质量，单位为克每摩尔(g/mol)；

D_1——测定胡敏酸+富里酸含量时分取倍数；

m——试样的质量，单位为克（g）。

7.3 胡敏酸碳量 X_2 以质量分数计，数值以克每千克（g/kg）表示，按式（3）计算：

$$X_2 = \frac{(V_{02} - V_2) \times c \times 0.003 \times D_2}{m} \times 1\,000 \quad \cdots\cdots (3)$$

式中：

V_{02}——空白试验时，消耗硫酸亚铁标准溶液的体积，单位为毫升（mL）；

V_2——样品测定时，消耗硫酸亚铁标准溶液的体积，单位为毫升（mL）；

c——硫酸亚铁标准溶液的浓度，单位为摩尔每升（mol/L）；

0.003——1/4 碳原子的毫摩尔质量，单位为克每摩尔（g/mol）；

D_2——测定胡敏酸含量时分取两次的倍数；

m——试样的质量，单位为克（g）。

7.4 富里酸碳量 X_3 以质量分数计，数值以克每千克（g/kg）表示，按式（4）计算：

$$X_3 = X_1 - X_2 \quad \cdots\cdots (4)$$

7.5 胡敏素碳量 X_4 以质量分数计，数值以克每千克（g/kg）表示，按式（5）计算：

$$X_4 = X_0 - X_1 \quad \cdots\cdots (5)$$

8 允许差

平行测定结果的相对误差不大于 8%。

不同实验室间测定结果的相对误差不大于 15%。

ICS 65.080
B 10

中华人民共和国农业行业标准

NY/T 1868—2010

肥料合理使用准则　有机肥料

Rule of rational fertilization—Organic fertilizer

2010-05-20 发布　　2010-09-01 实施

中华人民共和国农业部 发布

前　言

本标准由中华人民共和国农业部种植业管理司提出并归口。

本标准起草单位:全国农业技术推广服务中心、华中农业大学。

本标准主要起草人:杜森、马常宝、孙钊、董燕、鲁剑巍、杨首燕、杨帆、高祥照。

肥料合理使用准则　有机肥料

1　范围

本标准规定了有机肥料合理使用的原则和技术。

本标准适用于各种有机肥料。

2　规范性引用文件

下列文件中的条款通过本标准的引用而成为本标准的条款。凡是注日期的引用文件，其随后所有的修改单(不包括勘误的内容)或修订版均不适用于本标准，然而，鼓励根据本标准达成协议的各方研究是否可使用这些文件的最新版本。凡是不注日期的引用文件，其最新版本适用于本标准。

GB/T 6274　肥料和土壤调理剂　术语

NY/T 496　肥料合理使用准则　通则

3　术语和定义

下列术语和定义适用于本标准。

3.1

肥料　fertilizer

以提供植物养分为其主要功效的物料(GB/T 6274—1997 中 2.1.2)。

3.2

有机肥料　organic fertilizer

主要来源于植物和(或)动物，施于土壤以提供植物营养为其主要功效的含碳物料(GB/T 6274—1997 中 2.1.4)。

3.3

碳氮比　C/N

指有机肥料中全碳的质量百分数与全氮的质量百分数之比，是有机肥料性质的重要指标。

4　有机肥料种类和性质

4.1　来源和种类

有机肥料主要来源于人畜粪便和动植物残体，不包括含有重金属、抗生素、农药残留等有毒有害物质的城市垃圾和污泥等。主要种类有人畜粪尿、秸秆、绿肥、堆沤肥、饼肥、沼气肥、腐殖酸肥、其他杂肥等，以及由这些物料加工的商品肥料。

4.2　性质

4.2.1　养分全面

有机肥料通常含有多种矿质营养元素，糖、氨基酸、蛋白质、纤维素等有机成分，以及各种微生物及其代谢产物。

4.2.2　释放缓慢

有机肥料中的营养元素多数呈与有机碳相结合的状态，需经分解转化后才能被作物吸收利用，养分释放慢，肥效缓长。

4.2.3　成分复杂

有机肥料种类繁多,成分复杂,有的含有病原菌、寄生虫卵、重金属、抗生素、农药残留等有害物质,有的散发恶臭。

4.2.4 碳氮比不同

不同种类有机肥料的碳氮比不同,其腐解速率、养分的释放或固定也有较大差异。

5 有机肥料的作用

5.1 提供营养物质

有机肥料既含矿质营养元素,又含有机成分,有利于提高农作物产量,改善农产品品质。

5.2 提高土壤肥力

施用有机肥料能够增加土壤有机质,改善土壤理化性质,提高土壤生物多样性,提高土壤保水保肥能力等。

5.3 保护生态环境

合理利用有机肥料资源,可以维持物质(养分)良性循环,减少有机废弃物对环境的不良影响,保护生态环境,同时节约化肥用量,减少能源消耗和环境污染。

6 有机肥料合理使用原则

依据土壤性质、作物需肥规律、肥料效应和有机肥料品种特性,有效、合理、安全、经济地使用有机肥料,提高农作物产量和品质,培肥土壤,保护生态环境。

6.1 长期施用有机肥料

充分挖掘有机肥料资源,坚持长期施用,维持和提高土壤肥力。

6.2 有机无机相结合

有机肥料养分含量低,释放缓慢,应与无机速效肥料配合使用,长短互补、缓急相济,充分发挥其作用,满足农作物生长需要,实现用地与养地相结合。

6.3 提高有机肥料品质

一般情况下,有机物料应经过充分腐熟,以提高肥效。在积制、保存和施用过程中,应防止肥料养分特别是氮素养分的损失。

6.4 强化无害化处理

有机肥料在积制过程中,要求彻底杀灭对作物、畜禽和人体有害的病原菌、寄生虫卵、杂草种子等,清除薄膜等杂物,严格控制重金属、抗生素、农药残留等有害物质,保证农产品安全生产,达到对环境卫生无害。

7 有机肥料合理施用要点

根据有机肥料本身的性质(养分含量、C/N、腐熟程度)、作物种类、土壤肥力水平和理化性状、气候条件等选择有机肥料品种,合理安全施用有机肥料。

7.1 因作物施用

多年生作物和生育期较长的晚熟作物及块根块茎等作物,可施用腐熟程度较低的有机肥料。生育期较短的早熟作物及禾谷类作物,宜施用腐熟程度较高、矿化分解速度较快的有机肥料。

7.2 因土壤施用

有机质含量较低的土壤应多施用有机肥料。质地黏重的土壤透气性较差,宜施用腐熟程度较高、矿化分解速度较快的有机肥料;质地较轻的土壤则可施用腐熟程度较低的有机肥料。水田使用腐熟程度较低的有机肥料应注意用量,防止有机酸和硫化氢中毒。

7.3 因气候施用

在气温低、降雨少的地区，宜施用腐熟程度较高、矿化分解速度较快的有机肥料，在温暖湿润的地区可施用腐熟程度较低的有机肥料。

7.4 采用合理的施肥方法

有机肥料一般宜作基肥施用。秸秆直接还田、绿肥翻压等应注意通过配施化肥等方式调节碳氮比，并注意温度、湿度、酸碱度等条件，促进微生物活动，加速有机物料分解。

7.5 安全施用

用于粮、棉、油及蔬菜水果等作物的有机肥料应严格控制重金属、抗生素、农药残留等有毒有害物质含量，防止污染农产品和生态环境。在有机肥料使用过程中，应防止因使用过量、过于集中而造成的污染。

ICS 65.080
B 10

中华人民共和国农业行业标准

NY/T 1869—2010

肥料合理使用准则　钾肥

Rule of rational fertilization—Potash

2010-05-20 发布　　　　2010-09-01 实施

中华人民共和国农业部　发布

前 言

本标准由中华人民共和国农业部种植业管理司提出并归口。

本标准起草单位：全国农业技术推广服务中心、中国农业科学院农业资源与农业区划研究所。

本标准主要起草人：白由路、杜森、杨俐苹、卢艳丽、王磊、王贺、马常宝、孙钊、董燕。

肥料合理使用准则　钾肥

1　范围

本标准规定了钾肥合理使用的原则和技术。

本标准适用于具有钾(K_2O)标明量,以提供植物钾素养分为主要功效的无机(矿物)钾肥。

2　规范性引用文件

下列文件中的条款通过本标准的引用而成为本标准的条款。凡是注日期的引用文件,其随后所有的修改单(不包括勘误的内容)或修订版均不适用于本标准,然而,鼓励根据本标准达成协议的各方研究是否可使用这些文件的最新版本。凡是不注日期的引用文件,其最新版本适用于本标准。

GB/T 6274　肥料和土壤调理剂　术语

NY/T 496　肥料合理使用准则　通则

3　术语和定义

GB/T 6274 和 NY/T 496 确立的术语和定义适用于本标准。

4　钾肥种类

主要钾肥品种包括氯化钾、硫酸钾、硝酸钾、硫酸钾镁肥等。

4.1　氯化钾:KCl,K_2O 含量 54%～60%,白色或微红色结晶体。

4.2　硫酸钾:K_2SO_4,K_2O 含量 40%～51%,白色或带颜色的结晶或颗粒。

4.3　硫酸钾镁肥:$K_2SO_4 \cdot (MgSO_4)m \cdot nH_2O$,$K_2O$ 含量 21%～30%,粉状结晶或颗粒状产品。

5　钾肥合理施用应考虑的因素

5.1　土壤因素

包括黏土矿物类型、土壤速效钾和缓效钾含量;作物生育期中土壤钾的释放能力;土壤对肥料钾的吸附固定能力,以及影响土壤钾有效性的其他因素,包括土壤水分、温度、质地、有机质等。

5.2　植物因素

包括作物种类及其需钾程度;作物品种及其产量水平;作物对硫、镁、氯的需求及对氯的敏感程度。

5.3　气候因素

包括降水量及其分布;温度和湿度;光照持续时间和强度。

5.4　种植因素

包括种植制度、集约化程度和耕作方式;作物秸秆等有机养分利用;灌溉方式;杂草、病虫害防治等其他管理。

6　钾肥合理使用原则和技术

6.1　原则

针对我国钾肥资源不足的特点,钾肥施用的原则为:优先利用秸秆等含钾有机资源,不足部分施用化学钾肥;优先施于缺钾土壤;优先施于喜钾作物;优先施于高产农田。

6.2　施用技术

6.2.1 施用量的确定

根据土壤钾素水平、作物产量、品质对钾肥的反应以及有机肥的施用量确定钾肥合理用量。

6.2.2 施用时期

根据钾肥种类、种植制度,钾肥可用作基肥、种肥或追肥等。大多数大田作物应在整地前或整地时施用,以便使肥料与耕层土壤混合。

6.2.3 施用方法

钾肥可视肥料种类选择条施、穴施、撒施、环施、叶面喷施以及灌溉施肥等。

6.2.4 钾肥种类选择

对于需氯较多的作物以及施氯有助于提高作物抗逆性的禾谷类作物,宜使用氯化钾;对于烟草、马铃薯、甜菜、甘蔗等对氯敏感的作物,应慎重选择钾肥种类;盐渍化土壤不宜使用氯化钾。

6.2.5 钾肥与其他肥料配合

钾肥应与氮、磷以及中、微量元素肥料配合施用。

ICS 65.080
G 20

中华人民共和国农业行业标准

NY/T 1971—2010

水溶肥料　腐植酸含量的测定

**Water-soluble fertilizers—
Determination of humic-acids content**

2010-12-23 发布　　2011-02-01 实施

中华人民共和国农业部　发布

前　言

本标准遵照 GB/T 1.1—2009 给出的规则起草。

本标准是对 NY 1106—2006《含腐植酸水溶肥料》附录 A 的修订。

本标准与 NY 1106—2006 附录 A 的主要差异是：

——将原标准附录部分转变为本标准正文。

本标准自实施之日起，同时代替 NY 1106—2006 附录 A。

本标准由中华人民共和国农业部提出并归口。

本标准起草单位：国家化肥质量监督检验中心(北京)。

本标准主要起草人：孙又宁、保万魁、肖瑞芹、张骏。

本标准所代替标准的历次版本发布情况为：

——NY 1106—2006《含腐植酸水溶肥料》附录 A。

水溶肥料　腐植酸含量的测定

1　范围

本标准规定了水溶肥料腐植酸含量测定酸沉淀后氧化还原滴定法的试验方法。

本标准适用于液体或固体水溶肥料中腐植酸含量的测定。

2　规范性引用文件

下列文件对于本文件的应用是必不可少的。凡是注日期的引用文件，仅注日期的版本适用于本文件。凡是不注日期的引用文件，其最新版本(包括所有的修改单)适用于本文件。

GB/T 8170　数值修约规则与极限数值的表示和判定

HG/T 2843　化肥产品　化学分析中常用标准滴定溶液、标准溶液、试剂溶液和指示剂溶液

NY/T 887　液体肥料　密度的测定

3　原理

试样溶液中的腐植酸在酸性条件下定量沉淀，其他非腐植酸类碳、氯离子及低价金属离子等干扰测定的物质留存于溶液中。弃去溶液后用定量的重铬酸钾—硫酸溶液氧化沉淀中的有机碳，剩余的重铬酸钾用硫酸亚铁标准滴定溶液滴定。以试剂空白为基准，根据试样氧化前后氧化剂消耗量，计算出有机碳量，经过碳系数的换算得到试样腐植酸含量。

4　试剂和材料

本标准中所用试剂、水和溶液的配制，在未注明规格和配制方法时，均应符合 HG/T 2843 的规定。

4.1　重铬酸钾。

4.2　重铬酸钾，工作基准。

4.3　硫酸。

4.4　硫酸亚铁。

4.5　邻菲啰啉指示剂：称取邻菲啰啉 1.490 g 溶于含有 0.700 g 硫酸亚铁(4.4)的 100 mL 水溶液中，密闭保存于棕色瓶中。

4.6　硫酸溶液：$c[1/2(H_2SO_4)]=2$ mol/L。

4.7　氢氧化钠溶液：$c(NaOH)=0.1$ mol/L。

4.8　重铬酸钾溶液：$c[1/6(K_2Cr_2O_7)]=1$ mol/L。称取重铬酸钾(4.1)49.031 g，溶于 500 mL 水中(必要时可加热溶解)，冷却，定容至 1 L，摇匀。

4.9　重铬酸钾标准溶液：$c[1/6(K_2Cr_2O_7)]=0.2000$ mol/L。称取经 120℃烘至恒重的重铬酸钾基准试剂(4.2)9.807 g，用水溶解，定容至 1 L，摇匀。

4.10　硫酸亚铁标准滴定溶液：称取硫酸亚铁(4.4)56 g 溶于 600 mL～800 mL 蒸馏水中，加入 20 mL 硫酸(4.3)，定容至 1 L，贮于棕色瓶中保存。硫酸亚铁溶液在空气中易被氧化，使用时应标定准确浓度。

硫酸亚铁标准滴定溶液的标定：吸取 20.0 mL 重铬酸钾标准溶液(4.9)，置于 250 mL 三角瓶中，加入 3 mL 硫酸(4.3)和邻菲啰啉指示剂(4.5)3 滴～5 滴，用硫酸亚铁溶液(4.10)滴定，根据其消耗体积，计算硫酸亚铁标准滴定溶液浓度 c_2。具体按式(1)计算。

$$c_2=\frac{c_1V_1}{V_2} \qquad (1)$$

式中：

c_2——硫酸亚铁标准滴定溶液的浓度，单位为摩尔每升(mol/L)；

c_1——重铬酸钾标准溶液的浓度，单位为摩尔每升(mol/L)；

V_1——吸取重铬酸钾标准溶液的体积，单位为毫升(mL)；

V_2——滴定时消耗的硫酸亚铁标准溶液的体积，单位为毫升(mL)。

5 仪器

5.1 通常实验室仪器。

5.2 离心机：4 000 r/min，配有 50 mL 聚四氟乙烯或圆底玻璃离心管。

5.3 恒温水浴锅：温度可达 100℃±2℃。

6 分析步骤

6.1 试样的制备

固体样品经多次缩分后，取出约 100 g，将其迅速研磨至全部通过 0.50 mm 孔径筛(如样品潮湿，可通过 1.00 mm 筛子)，混合均匀，置于洁净、干燥的容器中；液体样品经多次摇动后，迅速取出约 100 mL，置于洁净、干燥的容器中。

6.2 试样溶液的制备

6.2.1 固体试样

称取试样约 0.5 g(精确至 0.000 1 g)于 50 mL 烧杯中，加水约 10 mL，用玻璃棒搅拌后静置片刻，将溶液部分转入 100 mL 容量瓶中。再向烧杯中加水约 10 mL，重复此步骤 3 次。残渣部分加入 1 mL 氢氧化钠溶液(4.7)，搅拌使其溶解，转入容量瓶中，用水定容，混匀。

6.2.2 液体试样

称取试样 2 g～3 g(精确至 0.000 1 g)至 100 mL 容量瓶中，加入 1 mL 氢氧化钠溶液(4.7)及少量水，充分溶解后，定容，混匀。

6.3 试样溶液中腐植酸的沉淀

准确移取均匀试样溶液 5.0 mL 于离心管中，加入 5 mL 硫酸溶液(4.6)，混匀。放入离心机中以 3 000 r/min～4 000 r/min 的转速离心 10 min(若溶液中仍有固体漂浮物，需延长离心时间至固体全部沉淀)，倾去上层清液。

6.4 腐植酸的氧化

向离心管中加入 5.0 mL 重铬酸钾溶液(4.8)，缓慢加入 5 mL 硫酸(4.3)，轻摇离心管使内容物混合均匀。将离心管放在管架上，盖上漏斗，置于沸腾的水浴中加热 30 min，取出，冷却，将内容物转移至 250 mL 三角瓶中，体积应控制在 60 mL～80 mL。

6.5 滴定

向三角瓶中加入 3 滴～5 滴邻菲啰啉指示剂(4.5)，用硫酸亚铁标准滴定溶液(4.10)滴定剩余的重铬酸钾。溶液的变色过程经橙黄→蓝绿→棕红，即达终点。如果滴定所消耗的体积不到滴定空白所消耗体积的 1/3 时，则应减少试样称样量，重新测定。

6.6 空白试验

除不加试样外，其他步骤同试样溶液的测定。两次空白试验的滴定绝对差值≤0.06 mL 时，才可取平均值，代入计算公式。

7 分析结果的表述

腐植酸含量 w 以质量分数(%)表示，按式(2)计算：

$$w = \frac{(V_1 - V_2)cD \times 1.724 \times 0.003 \times 1.43}{m} \times 100 \cdots\cdots (2)$$

式中：

c——测定试样及空白实验时，使用硫酸亚铁标准滴定溶液的浓度，单位为摩尔每升(mol/L)；

V_1——空白实验时，消耗硫酸亚铁标准滴定溶液的体积，单位为毫升(mL)；

V_2——测定试样时，消耗硫酸亚铁标准滴定溶液的体积，单位为毫升(mL)；

0.003——与 1.00 mL 硫酸亚铁标准滴定溶液[$c(FeSO_4)$=1.000 mol/L]相当的以克表示的碳的质量；

D——测定时试样溶液的稀释倍数；

1.724——有机碳换算为有机质的系数；

1.43——氧化校正系数 1.3 与腐植酸沉淀系数 1.1 之乘积；

m——试料的质量，单位为克(g)。

取平行测定结果的算术平均值为测定结果，结果保留三位有效数字。

8 允许差

平行测定结果的相对偏差值应符合表 1 的要求。

表 1

腐植酸质量分数，%	≤5.00	>5.00
相对相差，%	≤20	≤10
注：相对相差为两次测量值相差与两次测量值均值之比，下同。		

不同实验室测定结果的相对偏差值应符合表 2 的要求。

表 2

腐植酸质量分数，%	≤5.00	>5.00
相对相差，%	≤30	≤20

9 质量浓度的换算

液体肥料腐植酸含量 ρ(腐植酸)以质量浓度(g/L)表示，按式(3)计算：

$$\rho(\text{腐植酸}) = 10w\rho \cdots\cdots (3)$$

式中：

w——试样中腐植酸的质量分数，单位为百分率(%)；

ρ——液体试样的密度，单位为克每毫升(g/mL)。

密度的测定按 NY/T 887 的规定执行。

结果保留三位有效数字。

ICS 65.080
G 20

中华人民共和国农业行业标准

NY/T 1972—2010

水溶肥料　钠、硒、硅含量的测定

Water-soluble fertilizers—
Determination of sodium, Selenium, silicon content

2010-12-23 发布　　2011-02-01 实施

中华人民共和国农业部　发布

前　　言

本标准遵照 GB/T 1.1—2009 给出的规则起草。

本标准由中华人民共和国农业部提出并归口。

本标准起草单位:国家化肥质量监督检验中心(北京)、农业部肥料质量监督检验中心(成都)、农业部肥料质量监督检验测试中心(济南)。

本标准主要起草人:范洪黎、孙又宁、韩岩松、刘蜜、保万魁、宋文琪、卢桂菊。

水溶肥料　钠、硒、硅含量的测定

1　范围

本标准规定了水溶肥料中钠、硒、硅含量测定的试验方法。

本标准适用于液体或固体水溶肥料中钠、硒、硅含量的测定。

2　规范性引用文件

下列文件对于本文件的应用是必不可少的。凡是注日期的引用文件，仅注日期的版本适用于本文件。凡是不注日期的引用文件，其最新版本（包括所有的修改单）适用于本文件。

GB/T 8170　数值修约规则与极限数值的表示和判定

HG/T 2843　化肥产品　化学分析中常用标准滴定溶液、标准溶液、试剂溶液和指示剂溶液

NY/T 887　液体肥料　密度的测定

3　钠含量的测定

3.1　火焰光度法

3.1.1　原理

试样溶液中的钠原子被火焰的热能所激发，当被激发的电子从较高能级跃迁到较低的能级时，放出一定的能量而产生固定波长的谱线，通过光电系统对辐射光能的测量，可求得钠的含量。

3.1.2　试剂和材料

本标准中所用试剂、水和溶液的配制，在未注明规格和配制方法时，均应符合 HG/T 2843 的规定。

3.1.2.1　钠标准储备溶液：$\rho(Na)=1$ mg/mL。

3.1.2.2　钠标准溶液：$\rho(Na)=100$ μg/mL。准确吸取钠标准溶液（3.1.2.1）10 mL 于 100 mL 容量瓶中，用水定容，混匀。

3.1.2.3　液化石油气。

3.1.3　仪器

3.1.3.1　通常实验室仪器。

3.1.3.2　水平往复式振荡器或具有相同功效的振荡装置。

3.1.3.3　火焰光度计。

3.1.4　分析步骤

3.1.4.1　试样的制备

固体样品经多次缩分后，取出约 100 g，将其迅速研磨至全部通过 0.50 mm 孔径筛（如样品潮湿，可通过 1.00 mm 筛子），混合均匀，置于洁净、干燥的容器中；液体样品经多次摇动后，迅速取出约 100 mL，置于洁净、干燥的容器中。

3.1.4.2　试样溶液的制备

3.1.4.2.1　固体试样

称取 0.2 g～3 g 试样（精确至 0.000 1 g）置于 250 mL 容量瓶中，加水约 150 mL，置于（25±5）℃振荡器内，在（180±20）r/min 的振荡频率下振荡 30 min。取出后用水定容，混匀，干过滤，弃去最初几毫升滤液后，滤液待测。

3.1.4.2.2 液体试样

称取 0.2 g～3 g 试样(精确至 0.000 1 g)置于 250 mL 容量瓶中,用水定容,混匀,干过滤,弃去最初几毫升滤液后,滤液待测。

3.1.4.3 工作曲线的绘制

分别准确吸取钠标准溶液(3.1.2.2)0 mL、1.00 mL、2.00 mL、3.00 mL、4.00 mL、5.00 mL、6.00 mL、7.00 mL 于八个 100 mL 容量瓶中,加水定容,混匀。此标准系列钠的质量浓度分别为 0 μg/mL、1.00 μg/mL、2.00 μg/mL、3.00 μg/mL、4.00 μg/mL、5.00 μg/mL、6.00 μg/mL、7.00 μg/mL。在选定工作条件的火焰光度计上,根据待测液中钠浓度,选定标准系列中的六个点,以 0μg/mL 标准溶液调节仪器的零点,由低浓度到高浓度分别测定各标准溶液的发射强度值。以各标准溶液钠的质量浓度(μg/mL)为横坐标,相应的发射强度为纵坐标,绘制工作曲线。

3.1.4.4 测定

将试样溶液或经稀释一定倍数后在与测定标准系列溶液相同的条件下,测得钠的发射强度,在工作曲线上查出相应钠的质量浓度(μg/mL)。

3.1.4.5 空白试验

除不加试样外,其他步骤同试样溶液的测定。

3.1.5 分析结果的表述

钠(Na)含量 w_1 以质量分数(%)表示,按式(1)计算:

$$w_1 = \frac{(\rho - \rho_0) D \times 250}{m \times 10^6} \times 100 \quad \cdots\cdots (1)$$

式中:

ρ——由工作曲线查出的试样溶液钠的质量浓度,单位为微克每毫升(μg/mL);

ρ_0——由工作曲线查出的空白溶液中钠的质量浓度,单位为微克每毫升(μg/mL);

D——测定时试样溶液的稀释倍数;

250——试样溶液的体积,单位为毫升(mL);

m——试料的质量,单位为克(g);

10^6——将克换算成微克的系数。

取平行测定结果的算术平均值为测定结果,结果保留到小数点后两位。

3.1.6 允许差

平行测定结果的相对相差不大于 10%。

不同实验室测定结果的相对相差不大于 30%。

当测定结果小于 0.15%时,平行测定结果及不同实验室测定结果相对相差不计。

注:相对相差为两次测量值相差与两次测量值均值之比,下同。

3.2 等离子体发射光谱法(仲裁法)

3.2.1 原理

试样溶液中的钠在 ICP 光源中原子化并激发至高能态,处于高能态的原子跃迁至基态时产生具有特征波长的电磁辐射,辐射强度与钠原子浓度成正比。ICP-AES 法测定电离能较低的钠元素时易产生电离干扰,需要加入电离抑制剂氯化铯来消除电离干扰。

3.2.2 试剂和材料

3.2.2.1 钠标准溶液:$\rho(Na)=1$ mg/mL。

3.2.2.2 氯化铯溶液:$\rho(CsCl)=4$ g/L。称取 4 g 氯化铯溶于水中,用水稀释至 1 L,混匀。

3.2.2.3 高纯氩气。

3.2.3 仪器

3.2.3.1 通常实验室仪器。

3.2.3.2 水平往复式振荡器或具有相同功效的振荡装置。

3.2.3.3 等离子体发射光谱仪。

3.2.4 分析步骤

3.2.4.1 试样的制备

固体样品经多次缩分后，取出约 100 g，将其迅速研磨至全部通过 0.50 mm 孔径筛(如样品潮湿，可通过 1.00 mm 筛子)，混合均匀，置于洁净、干燥的容器中；液体样品经多次摇动后，迅速取出约 100 mL，置于洁净、干燥的容器中。

3.2.4.2 试样溶液的制备

3.2.4.2.1 固体试样

称取 0.2 g～3 g 试样(精确至 0.000 1 g)置于 250 mL 容量瓶中，加水约 150 mL，置于(25±5)℃振荡器内，在(180±20)r/min 的振荡频率下振荡 30 min。取出后用水定容，混匀，干过滤，弃去最初几毫升滤液后，滤液待测。

3.2.4.2.2 液体试样

称取 0.2 g～3 g 试样(精确至 0.000 1 g)置于 250 mL 容量瓶中，用水定容，混匀，干过滤，弃去最初几毫升滤液后，滤液待测。

3.2.4.3 工作曲线的绘制

分别吸取钠标准溶液(3.2.2.1)0 mL、0.50 mL、1.00 mL、2.00 mL、4.00 mL、5.00 mL 于六个 100 mL 容量瓶中，分别加入 5.0 mL 氯化铯溶液(3.2.2.2)，用水定容，混匀。此标准系列钠的质量浓度分别为 0 μg/mL、5.0 μg/mL、10.0 μg/mL、20.0 μg/mL、40.0 μg/mL、50.0 μg/mL，氯化铯浓度为 200 mg/L。

测定前，进行仪器条件优化，发射功率为 0.8 kW，其他参数根据仪器型号设定。然后，用等离子体发射光谱仪在波长 589.592 nm 处测定各标准溶液的辐射强度。以各标准溶液的钠的质量浓度(μg/mL)为横坐标，相应的辐射强度为纵坐标，绘制工作曲线。

3.2.4.4 测定

根据钠含量吸取一定量的试样溶液，加入氯化铯溶液(3.2.2.2)5.0 mL，定容至 100 mL，混匀。在与测定标准系列溶液相同的条件下，测得钠的辐射强度，在工作曲线上查出相应钠的质量浓度(μg/mL)。

3.2.4.5 空白试验

除不加试样外，其他步骤同试样溶液的测定。

3.2.5 分析结果的表述

钠(Na)含量 w_1 以质量分数(%)表示，按式(2)计算：

$$w_1 = \frac{(\rho - \rho_0) D \times 250}{m \times 10^6} \times 100 \quad \cdots\cdots (2)$$

式中：

ρ——由工作曲线查出的试样溶液钠的质量浓度，单位为微克每毫升(μg/mL)；

ρ_0——由工作曲线查出的空白溶液中钠的质量浓度，单位为微克每毫升(μg/mL)；

D——测定时试样溶液的稀释倍数；

250——试样溶液的体积，单位为毫升(mL)；

m——试料的质量，单位为克(g)；

10^6——将克换算成微克的系数。

取平行测定结果的算术平均值为测定结果，结果保留到小数点后两位。

3.2.6 允许差

平行结果测定的相对相差不大于10%。

不同实验室测定结果的相对相差不大于30%。

当测定结果小于0.15%时,平行测定结果及不同实验室测定结果相对相差不计。

3.3 原子吸收分光光度法

3.3.1 原理

利用原子吸收分光光度计的火焰发射法测定钠的含量,不使用钠空心阴极灯,试样溶液中的钠在空气—乙炔火焰的作用下转变成气态原子并使原子外层电子进一步被激发,当被激发的电子从较高能级跃迁到较低的能级时,原子会释放多余的能量从而产生特征发射谱线,在一定范围内发射谱线强度与钠原子浓度成正比,通过测量330.2 nm的发射谱线强度,测定试样中钠元素的含量。

3.3.2 试剂和材料

本标准中所用试剂、水和溶液的配制,在未注明规格和配制方法时,均应符合HG/T 2843的规定。

3.3.2.1 钠标准溶液:ρ(Na)=1 mg/mL。

3.3.2.2 溶解乙炔。

3.3.3 仪器

3.3.3.1 通常实验室仪器。

3.3.3.2 水平往复式振荡器或具有相同功效的振荡装置。

3.3.3.3 原子吸收分光光度计,附有空气—乙炔燃烧器。

3.3.4 分析步骤

3.3.4.1 试样的制备

固体样品经多次缩分后,取出约100 g,将其迅速研磨至全部通过0.50 mm孔径筛(如样品潮湿,可通过1.00 mm筛子),混合均匀,置于洁净、干燥的容器中;液体样品经多次摇动后,迅速取出约100 mL,置于洁净、干燥的容器中。

3.3.4.2 试样溶液的制备

3.3.4.2.1 固体试样

称取0.2 g~3 g试样(精确至0.000 1 g)置于250 mL容量瓶中,加水约150 mL,置于(25±5)℃振荡器内,在(180±20)r/min的振荡频率下振荡30 min。取出后用水定容,混匀,干过滤,弃去最初几毫升滤液后,滤液待测。

3.3.4.2.2 液体试样

称取0.2 g~3 g试样(精确至0.000 1 g)置于250 mL容量瓶中,用水定容,混匀,干过滤,弃去最初几毫升滤液后,滤液待测。

3.3.4.3 标准曲线的绘制

分别吸取钠标准溶液(3.3.2.1)0 mL、0.50 mL、1.00 mL、2.00 mL、5.00 mL、10.00 mL于六个100 mL容量瓶中,用水定容,混匀。此标准系列钠的质量浓度分别为0 μg/mL、5.0 μg/mL、10.0 μg/mL、20.0 μg/mL、50.0 μg/mL、100.0 μg/mL。在选定最佳工作条件下,于波长330.2 nm处,使用空气—乙炔火焰,以钠质量浓度为100.0 μg/mL的标准溶液调整测量满度,以钠质量浓度为0 μg/mL的标准溶液调零,测定钠质量浓度为0 μg/mL、5.0 μg/mL、10.0 μg/mL、20.0 μg/mL、50.0 μg/mL的各标准溶液的发射强度。

以各标准溶液钠的质量浓度(μg/mL)为横坐标,相应的发射强度为纵坐标,绘制工作曲线。

3.3.4.4 测定

将试样溶液或经稀释一定倍数后在与测定标准系列溶液相同的条件下,测定试样溶液的发射强度,在工作曲线上查出相应钠的质量浓度(μg/mL)。

3.3.4.5 空白试验

除不加试样外,其他步骤同试样溶液的测定。

3.3.5 分析结果的表述

钠(Na)含量 w_1 以质量分数(%)表示,按式(3)计算:

$$w_1 = \frac{(\rho - \rho_0)D \times 250}{m \times 10^6} \times 100 \quad \cdots\cdots (3)$$

式中:

ρ——由工作曲线查出的试样溶液中钠的质量浓度,单位为微克每毫升(μg/mL);

ρ_0——由工作曲线查出的空白溶液中钠的质量浓度,单位为微克每毫升(μg/mL);

D——测定时试样溶液的稀释倍数;

250——试样溶液的体积,单位为毫升(mL);

m——试料的质量,单位为克(g);

10^6——将克换算成微克的系数。

取平行测定结果的算术平均值为测定结果,结果保留到小数点后两位。

3.3.6 允许差

平行测定结果的相对相差不大于 10%。

不同实验室测定结果的相对相差不大于 30%。

当测定结果小于 0.15%时,平行测定结果及不同实验室测定结果相对相差不计。

3.4 质量浓度的换算

液体肥料钠(Na)含量 $\rho(Na)$ 以质量浓度(g/L)表示,按式(4)计算:

$$\rho(Na) = 10 w_1 \rho \quad \cdots\cdots (4)$$

式中:

w_1——试样中钠的质量分数,单位为百分率(%);

ρ——液体试样的密度,单位为克每毫升(g/mL)。

密度的测定按 NY/T 887 的规定执行。

结果保留到小数点后一位。

4 硒含量的测定 原子荧光光谱法

4.1 原理

在盐酸介质中,以硼氢化钾为还原剂,使试样溶液中四价硒生成硒化氢,于氩氢火焰中原子化。硒原子蒸气吸收硒特种空心阴极灯发出的特征波长为 196.0 nm 的辐射,被激发至高能态。激发态原子返回基态时发射出特征波长的原子荧光。在一定浓度范围内,荧光强度与试样溶液中硒的含量成正比。

4.2 试剂和材料

本标准中所用试剂、水和溶液的配制,在未注明规格和配制方法时,应符合 HG/T 2843 的规定。

4.2.1 氢氧化钾溶液:$\rho(KOH)=5$ g/L。

4.2.2 硼氢化钾溶液:$\rho(KBH_4)=20$ g/L。称取硼氢化钾 10.0 g,溶于 500 mL 氢氧化钾溶液(4.2.1)中,混匀。

4.2.3 铁氰化钾溶液:$\rho\{K_3[Fe(CN)_6]\}=20$ g/L。

4.2.4 盐酸溶液:$\varphi(HCl)=3\%$。

4.2.5 盐酸溶液:$\varphi(HCl)=50\%$。

4.2.6 硒标准溶液:$\rho(Se)=1\,000$ μg/mL。

4.2.7 硒标准溶液：$\rho(Se)=10\ \mu g/mL$。准确吸取硒标准溶液(4.2.6)10.00 mL，用盐酸溶液(4.2.4)定容至1 000 mL，混匀。

4.2.8 硒标准溶液：$\rho(Se)=1\ \mu g/mL$。准确吸取硒标准溶液(4.2.7)10.00 mL，用水定容至100 mL，混匀。

4.3 仪器

4.3.1 通常实验室仪器。

4.3.2 水平往复式振荡器或具有相同功效的振荡装置。

4.3.3 原子荧光光度计，附有硒编码空心阴极灯。

4.3.4 高纯氩气。

4.4 分析步骤

4.4.1 试样的制备

固体样品经多次缩分后，取出约100 g，将其迅速研磨至全部通过0.50 mm孔径筛(如样品潮湿，可通过1.00 mm筛子)，混合均匀，置于洁净、干燥的容器中；液体样品经多次摇动后，迅速取出约100 mL，置于洁净、干燥的容器中。

4.4.2 试样溶液的制备

称取试样0.2 g～3 g(精确至0.000 1 g)于250 mL容量瓶中，加水约150 mL，置于(25±5)℃振荡器内，在(180±20)r/min的振荡频率下振荡30 min。取出后用水定容，混匀，干过滤，弃去最初几毫升滤液后，滤液待测。

4.4.3 标准曲线的绘制

分别吸取硒标准溶液(4.2.8)0 mL、0.50 mL、1.00 mL、1.50 mL、2.00 mL、2.50 mL于六个50 mL容量瓶中，加入5 mL盐酸溶液(4.2.5)和1 mL铁氰化钾溶液(4.2.3)，用水定容，混匀。此标准系列硒的质量浓度分别为0 ng/mL、10.0 ng/mL、20.0 ng/mL、30.0 ng/mL、40.0 ng/mL、50.0 ng/mL。在25℃以上环境温度下，至少放置40 min后，按最佳工作条件，以盐酸溶液(4.2.4)和硼氢化钾溶液(4.2.2)为载流，以硒含量为0 ng/mL的标准溶液为参比，测定各标准溶液的荧光强度。仪器参考条件：负高压300 V；灯电流60 mA；炉高8 mm。

以各标准溶液硒的质量浓度(ng/mL)为横坐标，相应的荧光强度为纵坐标，绘制工作曲线。

4.4.4 测定

先将试样溶液用水稀释100倍后，再吸取一定体积的上述稀释液于50 mL容量瓶中，加入5 mL盐酸溶液(4.2.5)和1 mL铁氰化钾溶液(4.2.3)，用水定容，混匀。在25℃以上环境温度下，至少放置40 min后，在与测定标准系列溶液相同的条件下，测定其荧光强度，在工作曲线上查出相应硒的质量浓度(ng/mL)。

4.4.5 空白试验

除不加试样外，其他步骤同试样溶液的测定。

4.4.6 分析结果的表述

硒(Se)含量 w_2 以质量分数(%)表示，按式(5)计算：

$$w_2=\frac{(\rho-\rho_0)D\times 250}{m\times 10^9}\times 100 \qquad (5)$$

式中：

ρ——由工作曲线查出的试样溶液中硒的质量浓度，单位为纳克每毫升(ng/mL)；

ρ_0——由工作曲线查出的空白溶液中硒的质量浓度，单位为纳克每毫升(ng/mL)；

D——测定时试样溶液的稀释倍数；

250——试样溶液的体积，单位为毫升(mL)；

m——试料的质量，单位为克(g)。

10^9——将克换算成纳克的系数。

取平行测定结果的算术平均值为测定结果，结果保留到小数点后两位。

4.4.7 允许差

平行测定结果的相对相差不大于10%。

不同实验室测定结果的相对相差不大于30%。

当测定结果小于0.05%时，平行测定结果及不同实验室测定结果相对相差不计。

4.5 质量浓度的换算

液体肥料硒(Se)含量ρ(Se)以质量浓度(g/L)表示，按式(6)计算：

$$\rho(\mathrm{Se}) = 10 w_2 \rho \quad \cdots\cdots (6)$$

式中：

w_2——试样中硒的质量分数(%)；

ρ——液体试样的密度，单位为克每毫升(g/mL)。

密度的测定按NY/T 887的规定执行。

结果保留到小数点后一位。

5 硅含量的测定 等离子体发射光谱法

5.1 原理

试样溶液中的硅在ICP光源中原子化并激发至高能态，处于高能态的原子跃迁至基态时产生具有特征波长的电磁辐射，辐射强度与硅原子浓度成正比。

5.2 试剂和材料

本标准中所用试剂、水和溶液的配制，在未注明规格和配制方法时，均应符合HG/T 2843的规定。

5.2.1 硅标准溶液：ρ(Si)=1 mg/mL。

5.2.2 高纯氩气。

5.3 仪器

5.3.1 通常实验室仪器。

5.3.2 水平往复式振荡器或具有相同功效的振荡装置。

5.3.3 等离子体发射光谱仪。

5.4 分析步骤

5.4.1 试样的制备

固体样品经多次缩分后，取出约100 g，将其迅速研磨至全部通过0.50 mm孔径筛(如样品潮湿，可通过1.00 mm筛子)，混合均匀，置于洁净、干燥的容器中；液体样品经多次摇动后，迅速取出约100 mL，置于洁净、干燥的容器中。

5.4.2 试样溶液的制备

5.4.2.1 固体试样

称取0.2 g～3 g试样(精确至0.000 1 g)置于250 mL容量瓶中，加水约150 mL，置于(25±5)℃振荡器内，在(180±20)r/min的振荡频率下振荡30 min。取出后用水定容，混匀，干过滤，弃去最初几毫升滤液后，滤液待测。

5.4.2.2 液体试样

称取0.2 g～3 g试样(精确至0.000 1 g)置于250 mL容量瓶中，用水定容，混匀，干过滤，弃去最初几毫升滤液后，滤液待测。

5.4.3 工作曲线的绘制

分别吸取硅标准溶液(5.2.1)0 mL、1.00 mL、2.00 mL、4.00 mL、8.00 mL、10.00 mL 于六个 100 mL 容量瓶中,用水定容,混匀。此标准系列硅的质量浓度分别为 0 μg/mL、10.0 μg/mL、20.0 μg/mL、40.0 μg/mL、80.0 μg/mL、100.0 μg/mL。

测定前,根据待测元素性质和仪器性能,进行氩气流量、观测高度、射频发生器功率、积分时间等测量条件优化。然后,用等离子体发射光谱仪在波长 251.611 nm 处测定各标准溶液的辐射强度。以各标准溶液硅的质量浓度(μg/mL)为横坐标,相应的辐射强度为纵坐标,绘制工作曲线。

5.4.4 测定

将试样溶液或经稀释一定倍数后在与测定标准系列溶液相同的条件下,测得硅的辐射强度,在工作曲线上查出相应硅的质量浓度(μg/mL)。

5.4.5 空白试验

除不加试样外,其他步骤同试样溶液的测定。

5.5 分析结果的表述

硅(Si)含量 w_3 以质量分数(%)表示,按式(7)计算:

$$w_3 = \frac{(\rho - \rho_0)D \times 250}{m \times 10^6} \times 100 \quad \cdots\cdots (7)$$

式中:

ρ——由工作曲线查出的试样溶液硅的质量浓度,单位为微克每毫升(μg/mL);

ρ_0——由工作曲线查出的空白溶液中硅的质量浓度,单位为微克每毫升(μg/mL);

D——测定时试样溶液的稀释倍数;

250——试样溶液的体积,单位为毫升(mL);

m——试料的质量,单位为克(g)。

10^6——将克换算成微克的系数。

取平行测定结果的算术平均值为测定结果,结果保留到小数点后两位。

5.6 允许差

平行测定结果的相对相差不大于 10%。

不同实验室测定结果的相对相差不大于 30%。

当测定结果小于 0.15%时,平行测定结果及不同实验室测定结果相对相差不计。

5.7 质量浓度的换算

液体肥料硅(Si)含量 $\rho(Si)$ 以质量浓度(g/L)表示,按式(8)计算:

$$\rho(Si) = 10 w_3 \rho \quad \cdots\cdots (8)$$

式中:

w_3——试样中硅的质量分数,单位为百分率(%);

ρ——液体试样的密度,单位为克每毫升(g/mL)。

密度的测定按 NY/T 887 的规定执行。

结果保留到小数点后一位。

ICS 65.080
G 20

中华人民共和国农业行业标准

NY/T 1973—2010
代替 NY/T 1115—2006

水溶肥料 水不溶物含量和pH的测定

**Water-soluble fertilizers—
Determination of water insoluble matter content and pH**

2010-12-23 发布 2011-02-01 实施

中华人民共和国农业部 发布

前　言

本标准遵照 GB/T 1.1—2009 给出的规则起草。

本标准是对 NY/T 1115—2006《水溶肥料水不溶物含量的测定》和 NY 1428—2007《微量元素水溶肥料》附录 G 的修订。

本标准与原标准的主要差异是：

——增加了 pH 测定的试验方法；

——将原标准附录部分转变为本标准正文。

本标准自实施之日起，同时代替 NY/T 1115—2006 和 NY 1428—2007 附录 G。

本标准由中华人民共和国农业部提出并归口。

本标准起草单位：国家化肥质量监督检验中心（北京）。

本标准主要起草人：范洪黎、韩岩松。

本标准所代替标准的历次版本发布情况为：

——NY/T 1115—2006《水溶肥料水不溶物含量的测定》。

——NY 1428—2007《微量元素水溶肥料》附录 G。

水溶肥料　水不溶物含量和 pH 的测定

1　范围

本标准规定了水溶肥料水不溶物含量和 pH 测定的试验方法。

本标准适用于液体或固体水溶肥料中水不溶物含量和 pH 的测定。

2　规范性引用文件

下列文件对于本文件的应用是必不可少的。凡是注日期的引用文件，仅注日期的版本适用于本文件。凡是不注日期的引用文件，其最新版本(包括所有的修改单)适用于本文件。

GB/T 6682　分析实验室用水规格和试验方法

GB/T 8170　数值修约规则与极限数值的表示和判定

HG/T 2843　化肥产品　化学分析中常用标准滴定溶液、标准溶液、试剂溶液和指示剂溶液

NY/T 887　液体肥料　密度的测定

3　水不溶物含量的测定

3.1　原理

试样经水溶解或稀释后，用重量法测定不溶性残渣的含量。

3.2　试剂和材料

本标准中所用水应符合 GB/T 6682 三级水的规定。

3.3　仪器

3.3.1　通常实验室仪器。

3.3.2　玻璃坩埚式过滤器：1 号，容积为 30 mL。

3.3.3　减压抽滤装置。

3.3.4　干燥箱：温度可控制在(110±2)℃。

3.4　分析步骤

3.4.1　样品的制备

固体样品经多次缩分后，取出约 100 g，将其迅速研磨至全部通过 0.50 mm 孔径筛(如样品潮湿，可通过 1.00 mm 筛子)，混合均匀，置于洁净、干燥的容器中；液体样品经多次摇动后，迅速取出约 100 mL，置于洁净、干燥的容器中。

3.4.2　测定

称取 1 g 试样(精确至 0.001 g)，置于烧杯中，加入 250 mL 水，充分搅拌 3 min。用预先在(110±2)℃干燥箱中干燥至恒重的玻璃坩埚式过滤器抽滤，用尽量少的水将残渣全部移入过滤器中。将带有残渣的过滤器置于(110±2)℃干燥箱内，待温度达到 110℃后，干燥 1 h，取出移入干燥器内，冷却至室温，称量。

3.4.3　空白试验

除不加试样外，其他步骤同试样溶液的测定。

注：过滤器使用后需进行洗涤处理，可用重铬酸钾—浓硫酸洗涤液浸泡过夜，再用自来水反复冲洗，去离子水抽滤后备用。

3.5　分析结果的表述

水不溶物含量 w 以质量分数(%)表示,按式(1)计算:

$$w = \frac{m_1 - m_0}{m} \times 100 \qquad (1)$$

式中:

m_1——水不溶物的质量,单位为克(g);

m_0——空白试验水不溶物的质量,单位为克(g);

m——试料的质量,单位为克(g)。

取平行测定结果的算术平均值为测定结果,结果保留到小数点后两位。

3.6 允许差

水不溶物的质量分数≤2.0%时,平行测定结果的绝对差值应≤0.30%;

水不溶物的质量分数>2.0%时,平行测定结果的绝对差值应≤0.40%。

3.7 质量浓度的换算

液体肥料水不溶物含量 ρ(水不溶物)以质量浓度(g/L)表示,按式(2)计算:

$$\rho(\text{水不溶物}) = 10w\rho \qquad (2)$$

式中:

w——试样中水不溶物的质量分数,单位为百分率(%);

ρ——液体试样的密度,单位为克每毫升(g/mL)。

密度的测定按 NY/T 887 的规定执行。

结果保留到小数点后一位。

4 pH 的测定

4.1 原理

当以 pH 计的玻璃电极为指示电极,甘汞电极为参比电极,插入试样溶液中时,两者之间产生一个电位差。该电位差的大小取决于试样溶液中的氢离子活度,氢离子活度的负对数即为 pH,由 pH 计直接读出。

4.2 试剂和材料

本标准中所用试剂、水和溶液的配制,在未注明规格和配制方法时,均应符合 HG/T 2843 的规定。

4.2.1 pH 4.01 标准缓冲溶液

称取在 120℃烘 2 h 的苯二甲酸氢钾($KHC_8H_4O_4$)10.21 g,用去二氧化碳水溶解后定容至 1 L。

4.2.2 pH 6.87 标准缓冲溶液

称取磷酸二氢钾(KH_2PO_4)3.40 g 和磷酸氢二钠(Na_2HPO_4)3.55 g,用去二氧化碳水溶解后定容至 1 L。

4.2.3 pH 9.18 标准缓冲溶液

称取 3.81 g 硼砂($Na_2B_4O_7 \cdot 10H_2O$),用去二氧化碳水溶解后定容至 1 L。

4.3 仪器

4.3.1 通常实验室仪器。

4.3.2 pH 计:灵敏度为 0.01 pH 单位。

4.4 分析步骤

4.4.1 样品的制备

固体样品经多次缩分后,取出约 100 g,将其迅速研磨至全部通过 0.50 mm 孔径筛(如样品潮湿,可通过 1.00 mm 筛子),混合均匀,置于洁净、干燥的容器中;液体样品经多次摇动后,迅速取出约 100 mL,置于洁净、干燥的容器中。

4.4.2 测定

称取 1 g 试样(精确至 0.001 g),置于烧杯中,加入 250 mL 去二氧化碳水,充分搅拌 3 min,静置 15 min,测定 pH。测定前,应使用 pH 标准缓冲溶液对 pH 计进行校准。

4.5 分析结果的表述

取平行测定结果的算术平均值为测定结果,结果保留到小数点后两位。

4.6 允许差

平行测定结果的绝对差值不大于 0.20 pH 单位。

ICS 65.080
G 20

中华人民共和国农业行业标准

NY/T 1974—2010

水溶肥料　铜、铁、锰、锌、硼、钼含量的测定

Water-soluble fertilizers—
Determination of copper, iron, manganese, zinc, boron, molybdenum content

2010-12-23 发布　　2011-02-01 实施

中华人民共和国农业部　发布

前　言

本标准遵照 GB/T 1.1—2009 给出的规则起草。

本标准是对 NY 1428—2007《微量元素水溶肥料》附录 A 的修订。

本版与原标准附录 A 的主要差异是：

——将原标准附录 A 转变为本标准正文；

——增加了铜、铁、锰、锌、钼含量测定等离子体发射光谱法的试验方法。

本标准自实施之日起，同时代替 NY 1428—2007 的附录 A。

本标准由中华人民共和国农业部提出并归口。

本标准起草单位：国家化肥质量监督检验中心（北京）、农业部肥料质量监督检验中心（成都）、农业部肥料质量监督检验测试中心（济南）。

本标准主要起草人：范洪黎、刘蜜、张跃、韩岩松、黄耀蓉、代天飞、卢桂菊。

本标准所代替标准的历次版本发布情况为：

——NY 1428—2007《微量元素水溶肥料》附录 A。

水溶肥料　铜、铁、锰、锌、硼、钼含量的测定

1　范围

本标准规定了水溶肥料铜、铁、锰、锌、硼、钼含量测定的试验方法。

本标准适用于液体或固体水溶肥料中铜、铁、锰、锌、硼、钼含量的测定。

本标准附录A规定了液体或固体肥料中铜、铁、锰、锌、硼、钼含量同时测定的试验方法。

2　规范性引用文件

下列文件对于本文件的应用是必不可少的。凡是注日期的引用文件，仅注日期的版本适用于本文件。凡是不注日期的引用文件，其最新版本(包括所有的修改单)适用于本文件。

GB/T 8170　数值修约规则与极限数值的表示和判定

HG/T 2843　化肥产品　化学分析中常用标准滴定溶液、标准溶液、试剂溶液和指示剂溶液

NY/T 887　液体肥料　密度的测定

3　铜含量的测定

3.1　原子吸收分光光度法(仲裁法)

3.1.1　原理

试样溶液中的铜在微酸性介质中，于空气-乙炔火焰中原子化，所产生的原子蒸气吸收从铜空心阴极灯射出的特征波长324.6 nm的光，吸光度的大小与铜基态原子浓度成正比。

3.1.2　试剂和材料

本标准中所用试剂、水和溶液的配制，在未注明规格和配制方法时，均应符合HG/T 2843的规定。

3.1.2.1　盐酸溶液：1+1。

3.1.2.2　铜标准储备液：$\rho(Cu)=1\ mg/mL$。

3.1.2.3　铜标准溶液：$\rho(Cu)=100\ \mu g/mL$。吸取铜标准储备液(3.1.2.2)10.00 mL于100 mL容量瓶中，加入盐酸溶液(3.1.2.1)10 mL，用水定容，混匀。

3.1.2.4　溶解乙炔。

3.1.3　仪器

3.1.3.1　通常实验室仪器。

3.1.3.2　水平往复式振荡器或具有相同功效的振荡装置。

3.1.3.3　原子吸收分光光度计，附有空气-乙炔燃烧器及铜空心阴极灯。

3.1.4　分析步骤

3.1.4.1　试样的制备

固体样品经多次缩分后，取出约100 g，将其迅速研磨至全部通过0.50 mm孔径筛(如样品潮湿，可通过1.00 mm筛子)，混合均匀，置于洁净、干燥的容器中；液体样品经多次摇动后，迅速取出约100 mL，置于洁净、干燥的容器中。

3.1.4.2　试样溶液的制备

3.1.4.2.1　固体试样

称取0.2 g～3 g试样(精确至0.000 1 g)置于250 mL容量瓶中，加水约150 mL，置于(25±5)℃振

荡器内，在(180±20)r/min的振荡频率下振荡30 min。取出后用水定容，混匀，干过滤，弃去最初几毫升滤液后，滤液待测。

3.1.4.2.2 **液体试样**

称取0.2 g～3 g试样(精确至0.000 1 g)置于250 mL容量瓶中，用水定容，混匀，干过滤，弃去最初几毫升滤液后，滤液待测。

3.1.4.3 **标准曲线的绘制**

分别吸取铜标准溶液(3.1.2.3)0 mL、0.10 mL、0.50 mL、1.00 mL、2.00 mL、5.00 mL于六个100 mL容量瓶中，加入4 mL盐酸溶液(3.1.2.1)，用水定容，混匀。此标准系列铜的质量浓度分别为0 μg/mL、0.10 μg/mL、0.50 μg/mL、1.00 μg/mL、2.00 μg/mL、5.00 μg/mL。在选定最佳工作条件下，于波长324.6 nm处，使用空气-乙炔火焰，以铜含量为0 mL的标准溶液为参比溶液调零，测定各标准溶液的吸光值。

以各标准溶液铜的质量浓度(μg/mL)为横坐标，相应的吸光值为纵坐标，绘制工作曲线。

注：可根据不同仪器灵敏度调整标准曲线的质量浓度。

3.1.4.4 **测定**

吸取一定体积的试样溶液于100 mL容量瓶中，加入4 mL盐酸溶液(3.1.2.1)，用水定容，混匀，在与测定标准系列溶液相同的条件下，测定其吸光值，在工作曲线上查出相应铜的质量浓度(μg/mL)。

3.1.4.5 **空白试验**

除不加试样外，其他步骤同试样溶液的测定。

3.1.5 **分析结果的表述**

铜(Cu)含量w_1以质量分数(%)表示，按式(1)计算：

$$w_1 = \frac{(\rho - \rho_0) D \times 250}{m \times 10^6} \times 100 \quad \cdots\cdots (1)$$

式中：

ρ——由工作曲线查出的试样溶液中铜的质量浓度，单位为微克每毫升(μg/mL)；

ρ_0——由工作曲线查出的空白溶液中铜的质量浓度，单位为微克每毫升(μg/mL)；

D——测定时试样溶液的稀释倍数；

250——试样溶液的体积，单位为毫升(mL)；

m——试料的质量，单位为克(g)；

10^6——将克换算成微克的系数。

取平行测定结果的算术平均值为测定结果，结果保留到小数点后两位。

3.1.6 **允许差**

平行测定结果的相对相差不大于10%。

不同实验室测定结果的相对相差不大于30%。

当测定结果小于0.15%时，平行测定结果及不同实验室测定结果相对相差不计。

注：相对相差为两次测量值相差与两次测量值均值之比，下同。

3.2 **等离子体发射光谱法**

3.2.1 **原理**

试样溶液中的铜在ICP光源中原子化并激发至高能态，处于高能态的原子跃迁至基态时产生具有特征波长的电磁辐射，辐射强度与铜原子浓度成正比。

3.2.2 **试剂和材料**

本标准中所用试剂、水和溶液的配制，在未注明规格和配制方法时，均应符合HG/T 2843的规定。

3.2.2.1 铜标准溶液：$\rho(Cu)=1$ mg/mL。

3.2.2.2 高纯氩气。

3.2.3 仪器

3.2.3.1 通常实验室仪器。

3.2.3.2 水平往复式振荡器或具有相同功效的振荡装置。

3.2.3.3 等离子体发射光谱仪。

3.2.4 分析步骤

3.2.4.1 试样的制备

固体样品经多次缩分后，取出约 100 g，将其迅速研磨至全部通过 0.50 mm 孔径筛(如样品潮湿，可通过 1.00 mm 筛子)，混合均匀，置于洁净、干燥的容器中；液体样品经多次摇动后，迅速取出约 100 mL，置于洁净、干燥的容器中。

3.2.4.2 试样溶液的制备

3.2.4.2.1 固体试样

称取 0.2 g～3 g 试样(精确至 0.000 1 g)置于 250 mL 容量瓶中，加水约 150 mL，置于(25±5)℃振荡器内，在(180±20)r/min 的振荡频率下振荡 30 min。取出后用水定容，混匀，干过滤，弃去最初几毫升滤液后，滤液待测。

3.2.4.2.2 液体试样

称取 0.2 g～3 g 试样(精确至 0.000 1 g)置于 250 mL 容量瓶中，用水定容，混匀，干过滤，弃去最初几毫升滤液后，滤液待测。

3.2.4.3 工作曲线的绘制

分别吸取铜标准溶液(3.2.2.1)0 mL、0.50 mL、1.00 mL、4.00 mL、8.00 mL、10.00 mL 于六个 100 mL 容量瓶中，用水定容，混匀。此标准系列铜的质量浓度分别为 0 μg/mL、5.0 μg/mL、10.0 μg/mL、40.0 μg/mL、80.0 μg/mL、100.0 μg/mL。

测定前，根据待测元素性质和仪器性能，进行氩气流量、观测高度、射频发生器功率、积分时间等测量条件优化。然后，用等离子体发射光谱仪在波长 324.754 nm 处测定各标准溶液的辐射强度。以各标准溶液铜的质量浓度(μg/mL)为横坐标，相应的辐射强度为纵坐标，绘制工作曲线。

注：可根据不同仪器灵敏度调整标准曲线的质量浓度。

3.2.4.4 测定

将试样溶液或经稀释一定倍数后在与测定标准系列溶液相同的条件下，测得铜的辐射强度，在工作曲线上查出相应铜的质量浓度(μg/mL)。

3.2.4.5 空白试验

除不加试样外，其他步骤同试样溶液的测定。

3.2.5 分析结果的表述

铜(Cu)含量 w_1 以质量分数(%)表示，按式(2)计算：

$$w_1 = \frac{(\rho - \rho_0) D \times 250}{m \times 10^6} \times 100 \qquad (2)$$

式中：

ρ——由工作曲线查出的试样溶液铜的质量浓度，单位为微克每毫升(μg/mL)；

ρ_0——由工作曲线查出的空白溶液中铜的质量浓度，单位为微克每毫升(μg/mL)；

D——测定时试样溶液的稀释倍数；

250——试样溶液的体积，单位为毫升(mL)；

m——试料的质量，单位为克(g)；

10^6——将克换算成微克的系数。

取平行测定结果的算术平均值为测定结果，结果保留到小数点后两位。

3.2.6 允许差

平行测定结果的相对相差不大于10%。

不同实验室测定结果的相对相差不大于30%。

当测定结果小于0.15%时，平行测定结果及不同实验室测定结果相对相差不计。

3.3 质量浓度的换算

液体肥料铜(Cu)含量 $\rho(Cu)$ 以质量浓度(g/L)表示，按式(3)计算：

$$\rho(Cu) = 10w_1\rho \qquad (3)$$

式中：

w_1——试样中铜的质量分数，单位为百分率(%)；

ρ——液体试样的密度，单位为克每毫升(g/mL)。

密度的测定按NY/T 887的规定执行。

结果保留到小数点后一位。

4 铁含量的测定

4.1 原子吸收分光光度法(仲裁法)

4.1.1 原理

试样溶液中的铁在微酸性介质中，于空气—乙炔火焰中原子化，所产生的原子蒸气吸收从铁空心阴极灯射出特征波长为248.3 nm的光，吸光度的大小与铁基态原子浓度成正比。

4.1.2 试剂和材料

本标准中所用试剂、水和溶液的配制，在未注明规格和配制方法时，均应符合HG/T 2843的规定。

4.1.2.1 盐酸溶液：1+1。

4.1.2.2 铁标准储备液：$\rho(Fe)=1$ mg/mL。

4.1.2.3 铁标准溶液：$\rho(Fe)=100$ μg/mL。吸取铁标准储备液(4.1.2.2)10.00 mL于100 mL容量瓶中，加入盐酸溶液(4.1.2.1)10 mL，用水定容，混匀。

4.1.2.4 溶解乙炔。

4.1.3 仪器

4.1.3.1 通常实验室仪器。

4.1.3.2 水平往复式振荡器或具有相同功效的振荡装置。

4.1.3.3 原子吸收分光光度计，附有空气—乙炔燃烧器及铁空心阴极灯。

4.1.4 分析步骤

4.1.4.1 试样的制备

固体样品经多次缩分后，取出约100 g，将其迅速研磨至全部通过0.50 mm孔径筛(如样品潮湿，可通过1.00 mm筛子)，混合均匀，置于洁净、干燥的容器中；液体样品经多次摇动后，迅速取出约100 mL，置于洁净、干燥的容器中。

4.1.4.2 试样溶液的制备

4.1.4.2.1 固体试样

称取0.2 g～3 g试样(精确至0.000 1 g)置于250 mL容量瓶中，加水约150 mL，置于(25±5)℃振荡器内，在(180±20)r/min的振荡频率下振荡30 min。取出后用水定容，混匀，干过滤，弃去最初几毫升滤液后，滤液待测。

4.1.4.2.2 液体试样

称取 0.2 g～3 g 试样(精确至 0.000 1 g)置于 250 mL 容量瓶中,用水定容,混匀,干过滤,弃去最初几毫升滤液后,滤液待测。

4.1.4.3 **标准曲线的绘制**

分别吸取铁标准溶液(4.1.2.3)0 mL、0.50 mL、1.00 mL、2.00 mL、5.00 mL 于五个 100 mL 容量瓶中,加入 4 mL 盐酸溶液(4.1.2.1),用水定容,混匀。此标准系列铁的质量浓度分别为 0 μg/mL、0.50 μg/mL、1.00 μg/mL、2.00 μg/mL、5.00 μg/mL。在选定最佳工作条件下,于波长 248.3 nm 处,使用空气—乙炔火焰,以铁含量为 0 μg/mL 的标准溶液为参比溶液调零,测定各标准溶液的吸光值。

以各标准溶液铁的质量浓度(μg/mL)为横坐标,相应的吸光值为纵坐标,绘制工作曲线。

注:可根据不同仪器灵敏度调整标准曲线的质量浓度。

4.1.4.4 **测定**

吸取一定体积的试样溶液于 100 mL 容量瓶中,加入 4 mL 盐酸溶液(4.1.2.1),用水定容,混匀。在与测定标准系列溶液相同的条件下,测定其吸光值,在工作曲线上查出相应铁的质量浓度(μg/mL)。

4.1.4.5 **空白试验**

除不加试样外,其他步骤同试样溶液的测定。

4.1.5 **分析结果的表述**

铁(Fe)含量 w_2 以质量分数(%)表示,按式(4)计算:

$$w_2 = \frac{(\rho - \rho_0) D \times 250}{m \times 10^6} \times 100 \qquad (4)$$

式中:

ρ——由工作曲线查出的试样溶液中铁的质量浓度,单位为微克每毫升(μg/mL);

ρ_0——由工作曲线查出的空白溶液中铁的质量浓度,单位为微克每毫升(μg/mL);

D——测定时试样溶液的稀释倍数;

250——试样溶液的体积,单位为毫升(mL);

m——试料的质量,单位为克(g);

10^6——将克换算成微克的系数。

取平行测定结果的算术平均值为测定结果,结果保留到小数点后两位。

4.1.6 **允许差**

平行测定结果的相对相差不大于 10%。

不同实验室测定结果的相对相差不大于 30%。

当测定结果小于 0.15%时,平行测定结果及不同实验室测定结果相对相差不计。

注:相对相差为两次测量值相差与两次测量值均值之比,下同。

4.2 **等离子体发射光谱法**

4.2.1 **原理**

试样溶液中的铁在 ICP 光源中原子化并激发至高能态,处于高能态的原子跃迁至基态时产生具有特征波长的电磁辐射,辐射强度与铁原子浓度成正比。

4.2.2 **试剂和材料**

本标准中所用试剂、水和溶液的配制,在未注明规格和配制方法时,均应符合 HG/T 2843 的规定。

4.2.2.1 铁标准溶液:ρ(Fe)=1 mg/mL。

4.2.2.2 高纯氩气。

4.2.3 **仪器**

4.2.3.1 通常实验室仪器。

4.2.3.2 水平往复式振荡器或具有相同功效的振荡装置。

4.2.3.3 等离子体发射光谱仪。

4.2.4 分析步骤

4.2.4.1 试样的制备

固体样品经多次缩分后，取出约 100 g，将其迅速研磨至全部通过 0.50 mm 孔径筛(如样品潮湿，可通过 1.00 mm 筛子)，混合均匀，置于洁净、干燥的容器中；液体样品经多次摇动后，迅速取出约 100 mL，置于洁净、干燥的容器中。

4.2.4.2 试样溶液的制备

4.2.4.2.1 固体试样

称取 0.2 g～3 g 试样(精确至 0.000 1 g)置于 250 mL 容量瓶中，加水约 150 mL，置于(25±5)℃振荡器内，在(180±20)r/min 的振荡频率下振荡 30 min。取出后用水定容，混匀，干过滤，弃去最初几毫升滤液后，滤液待测。

4.2.4.2.2 液体试样

称取 0.2 g～3 g 试样(精确至 0.000 1 g)置于 250 mL 容量瓶中，用水定容，混匀，干过滤，弃去最初几毫升滤液后，滤液待测。

4.2.4.3 工作曲线的绘制

分别吸取铁标准溶液(4.2.2.1)0 mL、0.50 mL、1.00 mL、4.00 mL、8.00 mL、10.00 mL 于六个 100 mL 容量瓶中，用水定容，混匀。此标准系列铁的质量浓度分别为 0 μg/mL、5.0 μg/mL、10.0 μg/mL、40.0 μg/mL、80.0 μg/mL、100.0 μg/mL。

测定前，根据待测元素性质和仪器性能，进行氩气流量、观测高度、射频发生器功率、积分时间等测量条件优化。然后，用等离子体发射光谱仪在波长 238.204 nm 处测定各标准溶液的辐射强度。以各标准溶液铁的质量浓度(μg/mL)为横坐标，相应的辐射强度为纵坐标，绘制工作曲线。

注：可根据不同仪器灵敏度调整标准曲线的质量浓度。

4.2.4.4 测定

将试样溶液或经稀释一定倍数后在与测定标准系列溶液相同的条件下，测得铁的辐射强度，在工作曲线上查出相应铁的质量浓度(μg/mL)。

4.2.4.5 空白试验

除不加试样外，其他步骤同试样溶液的测定。

4.2.5 分析结果的表述

铁(Fe)含量 w_2 以质量分数(%)表示，按式(5)计算：

$$w_2 = \frac{(\rho - \rho_0) D \times 250}{m \times 10^6} \times 100 \quad \cdots\cdots (5)$$

式中：

ρ——由工作曲线查出的试样溶液铁的质量浓度，单位为微克每毫升(μg/mL)；

ρ_0——由工作曲线查出的空白溶液中铁的质量浓度，单位为微克每毫升(μg/mL)；

D——测定时试样溶液的稀释倍数；

250——试样溶液的体积，单位为毫升(mL)；

m——试料的质量，单位为克(g)；

10^6——将克换算成微克的系数。

取平行测定结果的算术平均值为测定结果，结果保留到小数点后两位。

4.2.6 允许差

平行测定结果的相对相差不大于 10%。

不同实验室测定结果的相对相差不大于 30%。

当测定结果小于 0.15%时，平行测定结果及不同实验室测定结果相对相差不计。

4.3 质量浓度的换算

液体肥料铁(Fe)含量 $\rho(Fe)$ 以质量浓度(g/L)表示，按式(6)计算：

$$\rho(\mathrm{Fe}) = 10 w_2 \rho \qquad (6)$$

式中：

w_2——试样中铁的质量分数，单位为百分率(%)；

ρ——液体试样的密度，单位为克每毫升(g/mL)。

密度的测定按 NY/T 887 的规定执行。

结果保留到小数点后一位。

5 锰含量的测定

5.1 原子吸收分光光度法(仲裁法)

5.1.1 原理

试样溶液中的锰在微酸性介质中，于空气—乙炔火焰中原子化，所产生的原子蒸气吸收从锰空心阴极灯射出的特征波长 279.5 nm 的光，吸光度的大小与锰基态原子浓度成正比。

5.1.2 试剂和材料

本标准中所用试剂、水和溶液的配制，在未注明规格和配制方法时，均应符合 HG/T 2843 的规定。

5.1.2.1 盐酸溶液：1+1。

5.1.2.2 锰标准储备液：$\rho(Mn)$ = 1 mg/mL。

5.1.2.3 锰标准溶液：$\rho(Mn)$ = 100 μg/mL。准确吸取锰标准储备液(5.1.2.2)10.00 mL 于 100 mL 容量瓶中，加入盐酸溶液(5.1.2.1)10 mL，用水定容，混匀。

5.1.2.4 溶解乙炔。

5.1.3 仪器

5.1.3.1 通常实验室仪器。

5.1.3.2 水平往复式振荡器或具有相同功效的振荡装置。

5.1.3.3 原子吸收分光光度计，附有空气—乙炔燃烧器及锰空心阴极灯。

5.1.4 分析步骤

5.1.4.1 试样的制备

固体样品经多次缩分后，取出约 100 g，将其迅速研磨至全部通过 0.50 mm 孔径筛(如样品潮湿，可通过 1.00 mm 筛子)，混合均匀，置于洁净、干燥的容器中；液体样品经多次摇动后，迅速取出约 100 mL，置于洁净、干燥的容器中。

5.1.4.2 试样溶液的制备

5.1.4.2.1 固体试样

称取 0.2 g～3 g 试样(精确至 0.000 1 g)置于 250 mL 容量瓶中，加水约 150 mL，置于(25±5)℃振荡器内，在(180±20)r/min 的振荡频率下振荡 30 min。取出后用水定容，混匀，干过滤，弃去最初几毫升滤液后，滤液待测。

5.1.4.2.2 液体试样

称取 0.2 g～3 g 试样(精确至 0.000 1 g)置于 250 mL 容量瓶中，用水定容，混匀，干过滤，弃去最初几毫升滤液后，滤液待测。

5.1.4.3 标准曲线的绘制

分别吸取锰标准溶液(5.1.2.3)0 mL、0.50 mL、1.00 mL、2.00 mL、5.00 mL 于五个 100 mL 容量瓶

中,加入 4 mL 盐酸溶液(5.1.2.1),用水定容,混匀。此标准系列锰的质量浓度分别为 0 μg/mL、0.50 μg/mL、1.00 μg/mL、2.00 μg/mL、5.00 μg/mL。在选定最佳工作条件下,于波长 279.5 nm 处,使用空气—乙炔火焰,以锰含量为 0 μg/mL 的标准溶液为参比溶液调零,测定各标准溶液的吸光值。

以各标准溶液锰的质量浓度(μg/mL)为横坐标,相应的吸光值为纵坐标,绘制工作曲线。

注:可根据不同仪器灵敏度调整标准曲线的质量浓度。

5.1.4.4 测定

吸取一定体积的试样溶液于 100 mL 容量瓶中,加入 4 mL 盐酸溶液(5.1.2.1),用水定容,混匀。在与测定标准系列溶液相同的条件下,测定其吸光值,在工作曲线上查出相应锰的质量浓度(μg/mL)。

5.1.4.5 空白试验

除不加试样外,其他步骤同试样溶液的测定。

5.1.5 分析结果的表述

锰(Mn)含量 w_3 以质量分数(%)表示,按式(7)计算:

$$w_3 = \frac{(\rho - \rho_0) D \times 250}{m \times 10^6} \times 100 \qquad (7)$$

式中:

ρ——由工作曲线查出的试样溶液中铁的质量浓度,单位为微克每毫升(μg/mL);

ρ_0——由工作曲线查出的空白溶液中铁的质量浓度,单位为微克每毫升(μg/mL);

D——测定时试样溶液的稀释倍数;

250——试样溶液的体积,单位为毫升(mL);

m——试料的质量,单位为克(g);

10^6——将克换算成微克的系数。

取平行测定结果的算术平均值为测定结果,结果保留到小数点后两位。

5.1.6 允许差

平行测定结果的相对相差不大于 10%。

不同实验室测定结果的相对相差不大于 30%。

当测定结果小于 0.15%时,平行测定结果及不同实验室测定结果相对相差不计。

注:相对相差为两次测量值相差与两次测量值均值之比,下同。

5.2 等离子体发射光谱法

5.2.1 原理

试样溶液中的锰在 ICP 光源中原子化并激发至高能态,处于高能态的原子跃迁至基态时产生具有特征波长的电磁辐射,辐射强度与锰原子浓度成正比。

5.2.2 试剂和材料

本标准中所用试剂、水和溶液的配制,在未注明规格和配制方法时,均应符合 HG/T 2843 的规定。

5.2.2.1 锰标准溶液:ρ(Mn)=1 mg/mL;

5.2.2.2 高纯氩气。

5.2.3 仪器

5.2.3.1 通常实验室仪器。

5.2.3.2 水平往复式振荡器或具有相同功效的振荡装置。

5.2.3.3 等离子发射光谱仪。

5.2.4 分析步骤

5.2.4.1 试样的制备

固体样品经多次缩分后,取出约 100 g,将其迅速研磨至全部通过 0.50 mm 孔径筛(如样品潮湿,可通过1.00 mm筛子)，混合均匀，置于洁净、干燥容器中；液体样品经多次摇动后，迅速取出约100 mL，置于洁净、干燥容器中。

5.2.4.2 **试样溶液的制备**

5.2.4.2.1 **固体试样**

称取0.2 g～3 g试样(精确至0.000 1 g)置于250 mL容量瓶中，加水约150 mL，置于(25±5)℃振荡器内，在(180±20)r/min的振荡频率下振荡30 min。取出后用水定容，混匀，干过滤，弃去最初几毫升滤液后，滤液待测。

5.2.4.2.2 **液体试样**

称取0.2 g～3 g试样(精确至0.000 1 g)置于250 mL容量瓶中，用水定容，混匀，干过滤，弃去最初几毫升滤液后，滤液待测。

5.2.4.3 **工作曲线的绘制**

分别吸取锰标准溶液(5.2.2.1)0 mL、0.50 mL、1.00 mL、4.00 mL、8.00 mL、10.00 mL于六个100 mL容量瓶中，用水定容，混匀。此标准系列锰的质量浓度分别为0 μg/mL、5.0 μg/mL、10.0 μg/mL、40.0 μg/mL、80.0 μg/mL、100.0 μg/mL。

测定前，根据待测元素性质和仪器性能，进行氩气流量、观测高度、射频发生器功率、积分时间等测量条件优化。然后，用等离子体发射光谱仪在波长260.568 nm处测定各标准溶液的辐射强度。以各标准溶液锰的质量浓度(μg/mL)为横坐标，相应的辐射强度为纵坐标，绘制工作曲线。

注：可根据不同仪器灵敏度调整标准曲线的质量浓度。

5.2.4.4 **测定**

将试样溶液或经稀释一定倍数后在与测定标准系列溶液相同的条件下，测得锰的辐射强度，在工作曲线上查出相应锰的质量浓度(μg/mL)。

5.2.4.5 **空白试验**

除不加试样外，其他步骤同试样溶液的测定。

5.2.5 **分析结果的表述**

锰(Mn)含量w_3以质量分数(%)表示，按式(8)计算：

$$w_3 = \frac{(\rho - \rho_0)D \times 250}{m \times 10^6} \times 100 \quad \cdots\cdots (8)$$

式中：

ρ——由工作曲线查出的试样溶液锰的质量浓度，单位为微克每毫升(μg/mL)；

ρ_0——由工作曲线查出的空白溶液中锰的质量浓度，单位为微克每毫升(μg/mL)；

D——测定时试样溶液的稀释倍数；

250——试样溶液的体积，单位为毫升(mL)；

m——试料的质量，单位为克(g)；

10^6——将克换算成微克的系数。

取平行测定结果的算术平均值为测定结果，结果保留到小数点后两位。

5.2.6 **允许差**

平行测定结果的相对相差不大于10%。

不同实验室测定结果的相对相差不大于30%。

当测定结果小于0.15%时，平行测定结果及不同实验室测定结果相对相差不计。

5.3 **质量浓度的换算**

液体肥料锰(Mn)含量ρ(Mn)以质量浓度(g/L)表示，按式(9)计算：

$$\rho(\text{Mn}) = 10 w_3 \rho \quad \cdots\cdots (9)$$

式中：

w_3——试样中锰的质量分数，单位为百分率(%)；

ρ——液体试样的密度，单位为克每毫升(g/mL)。

密度的测定按 NY/T 887 的规定执行。

结果保留到小数点后一位。

6 锌含量的测定

6.1 原子吸收分光光度法(仲裁法)

6.1.1 原理

试样溶液中的锌在微酸性介质中，于空气—乙炔火焰中原子化，所产生的原子蒸气吸收从锌空心阴极灯射出的特征波长 213.9 nm 的光，吸光度的大小与锌基态原子浓度成正比。

6.1.2 试剂和材料

本标准中所用试剂、水和溶液的配制，在未注明规格和配制方法时，均应符合 HG/T 2843 的规定。

6.1.2.1 盐酸溶液：1+1。

6.1.2.2 锌标准储备液：ρ(Zn)=1 mg/mL。

6.1.2.3 锌标准溶液：ρ(Zn)=100 μg/mL。准确吸取锌标准储备液(6.1.2.2)10.00 mL 于 100 mL 容量瓶中，加入盐酸溶液(6.1.2.1)10 mL，用水定容，混匀。

6.1.2.4 溶解乙炔。

6.1.3 仪器

6.1.3.1 通常实验室仪器。

6.1.3.2 水平往复式振荡器或具有相同功效的振荡装置。

6.1.3.3 原子吸收分光光度计，附有空气—乙炔燃烧器及锌空心阴极灯。

6.1.4 分析步骤

6.1.4.1 试样的制备

固体样品经多次缩分后，取出约 100 g，将其迅速研磨至全部通过 0.50 mm 孔径筛(如样品潮湿，可通过 1.00 mm 筛子)，混合均匀，置于洁净、干燥的容器中；液体样品经多次摇动后，迅速取出约 100 mL，置于洁净、干燥的容器中。

6.1.4.2 试样溶液的制备

6.1.4.2.1 固体试样

称取 0.2 g～3 g 试样(精确至 0.000 1 g)置于 250 mL 容量瓶中，加水约 150 mL，置于(25±5)℃振荡器内，在(180±20)r/min 的振荡频率下振荡 30 min。取出后用水定容，混匀，干过滤，弃去最初几毫升滤液后，滤液待测。

6.1.4.2.2 液体试样

称取 0.2 g～3 g 试样(精确至 0.000 1 g)置于 250 mL 容量瓶中，用水定容，混匀，干过滤，弃去最初几毫升滤液后，滤液待测。

6.1.4.3 标准曲线的绘制

分别吸取锌标准溶液(6.1.2.3)0 mL、0.50 mL、1.00 mL、2.00 mL、5.00 mL 于五个 100 mL 容量瓶中，加入 4 mL 盐酸溶液(6.1.2.1)，用水定容，混匀。此标准系列锌的质量浓度分别为 0 μg/mL、0.50 μg/mL、1.00 μg/mL、2.00 μg/mL、5.00 μg/mL。在选定最佳工作条件下，于波长 213.9 nm 处，使用空气—乙炔火焰，以锌含量为 0 μg/mL 的标准溶液为参比溶液调零，测定各标准溶液的吸光值。

以各标准溶液锌的质量浓度(μg/mL)为横坐标，相应的吸光值为纵坐标，绘制工作曲线。

注：可根据不同仪器灵敏度调整标准曲线的质量浓度。

6.1.4.4 测定

吸取一定体积的试样溶液于 100 mL 容量瓶中，加入 4 mL 盐酸溶液(6.1.2.1)，用水定容，混匀。在与测定标准系列溶液相同的条件下，测定其吸光值，在工作曲线上查出相应锌的质量浓度(μg/mL)。

6.1.4.5 空白试验

除不加试样外，其他步骤同试样溶液的测定。

6.1.5 分析结果的表述

锌(Zn)含量 w_4 以质量分数(%)表示，按式(10)计算：

$$w_4 = \frac{(\rho - \rho_0) D \times 250}{m \times 10^6} \times 100 \quad \cdots\cdots (10)$$

式中：

ρ——由工作曲线查出的试样溶液中铁的质量浓度，单位为微克每毫升(μg/mL)；

ρ_0——由工作曲线查出的空白溶液中铁的质量浓度，单位为微克每毫升(μg/mL)；

D——测定时试样溶液的稀释倍数；

250——试样溶液的体积，单位为毫升(mL)；

m——试料的质量，单位为克(g)；

10^6——将克换算成微克的系数。

取平行测定结果的算术平均值为测定结果，结果保留到小数点后两位。

6.1.6 允许差

平行测定结果的相对相差不大于 10%。

不同实验室测定结果的相对相差不大于 30%。

当测定结果小于 0.15%时，平行测定结果及不同实验室测定结果相对相差不计。

注：相对相差为两次测量值相差与两次测量值均值之比，下同。

6.2 等离子体发射光谱法

6.2.1 原理

试样溶液中的锌在 ICP 光源中原子化并激发至高能态，处于高能态的原子跃迁至基态时产生具有特征波长的电磁辐射，辐射强度与锌原子浓度成正比。

6.2.2 试剂和材料

本标准中所用试剂、水和溶液的配制，在未注明规格和配制方法时，均应符合 HG/T 2843 的规定。

6.2.2.1 锌标准溶液：$\rho(Zn)=1$ mg/mL。

6.2.2.2 高纯氩气。

6.2.3 仪器

6.2.3.1 通常实验室仪器。

6.2.3.2 水平往复式振荡器或具有相同功效的振荡装置。

6.2.3.3 等离子体发射光谱仪。

6.2.4 分析步骤

6.2.4.1 试样的制备

固体样品经多次缩分后，取出约 100 g，将其迅速研磨至全部通过 0.50 mm 孔径筛(如样品潮湿，可通过 1.00 mm 筛子)，混合均匀，置于洁净、干燥的容器中；液体样品经多次摇动后，迅速取出约 100 mL，置于洁净、干燥的容器中。

6.2.4.2 试样溶液的制备

6.2.4.2.1 固体试样

称取 0.2 g～3 g 试样(精确至 0.000 1 g)置于 250 mL 容量瓶中,加水约 150 mL,置于(25±5)℃振荡器内,在(180±20)r/min 的振荡频率下振荡 30 min。取出后用水定容,混匀,干过滤,弃去最初几毫升滤液后,滤液待测。

6.2.4.2.2 液体试样

称取 0.2 g～3 g 试样(精确至 0.000 1 g)置于 250 mL 容量瓶中,用水定容,混匀,干过滤,弃去最初几毫升滤液后,滤液待测。

6.2.4.3 工作曲线的绘制

分别吸取锌标准溶液(6.2.2.1)0 mL、0.50 mL、1.00 mL、4.00 mL、8.00 mL、10.00 mL 于六个 100 mL 容量瓶中,用水定容,混匀。此标准系列锌的质量浓度分别为 0 μg/mL、5.0 μg/mL、10.0 μg/mL、40.0 μg/mL、80.0 μg/mL、100.0 μg/mL。

测定前,根据待测元素性质和仪器性能,进行氩气流量、观测高度、射频发生器功率、积分时间等测量条件优化。然后,用等离子体发射光谱仪在波长 213.857 nm 处测定各标准溶液的辐射强度。以各标准溶液锌的质量浓度(μg/mL)为横坐标,相应的辐射强度为纵坐标,绘制工作曲线。

注:可根据不同仪器灵敏度调整标准曲线的质量浓度。

6.2.4.4 测定

将试样溶液或经稀释一定倍数后在与测定标准系列溶液相同的条件下,测得锌的辐射强度,在工作曲线上查出相应锌的质量浓度(μg/mL)。

6.2.4.5 空白试验

除不加试样外,其他步骤同试样溶液的测定。

6.2.5 分析结果的表述

锌(Zn)含量 w_4 以质量分数(%)表示,按式(11)计算:

$$w_4 = \frac{(\rho - \rho_0) D \times 250}{m \times 10^6} \times 100 \qquad (11)$$

式中:

ρ——由工作曲线查出的试样溶液锌的质量浓度,单位为微克每毫升(μg/mL);

ρ_0——由工作曲线查出的空白溶液中锌的质量浓度,单位为微克每毫升(μg/mL);

D——测定时试样溶液的稀释倍数;

250——试样溶液的体积,单位为毫升(mL);

m——试料的质量,单位为克(g);

10^6——将克换算成微克的系数。

取平行测定结果的算术平均值为测定结果,结果保留到小数点后两位。

6.2.6 允许差

平行测定结果的相对相差不大于 10%。

不同实验室测定结果的相对相差不大于 30%。

当测定结果小于 0.15%时,平行测定结果及不同实验室测定结果相对相差不计。

6.3 质量浓度的换算

液体肥料锌(Zn)含量 $\rho(Zn)$ 以质量浓度(g/L)表示,按式(12)计算:

$$\rho(Zn) = 10 w_4 \rho \qquad (12)$$

式中:

w_4——试样中锌的质量分数,单位为百分率(%);

ρ——液体试样的密度,单位为克每毫升(g/mL)。

密度的测定按 NY/T 887 的规定执行。

结果保留到小数点后一位。

7 硼含量的测定

7.1 等离子体发射光谱法(仲裁法)

7.1.1 原理

试样溶液中的硼在ICP光源中原子化并激发至高能态,处于高能态的原子跃迁至基态时产生具有特征波长的电磁辐射,辐射强度与硼原子浓度成正比。

7.1.2 试剂和材料

本标准中所用试剂、水和溶液的配制,在未注明规格和配制方法时,均应符合HG/T 2843的规定。

7.1.2.1 硼标准溶液:$\rho(B)=1$ mg/mL。

7.1.2.2 高纯氩气。

7.1.3 仪器

7.1.3.1 通常实验室仪器。

7.1.3.2 水平往复式振荡器或具有相同功效的振荡装置。

7.1.3.3 等离子体发射光谱仪。

7.1.4 分析步骤

7.1.4.1 试样的制备

固体样品经多次缩分后,取出约100 g,将其迅速研磨至全部通过0.50 mm孔径筛(如样品潮湿,可通过1.00 mm筛子),混合均匀,置于洁净、干燥的容器中;液体样品经多次摇动后,迅速取出约100 mL,置于洁净、干燥的容器中。

7.1.4.2 试样溶液的制备

7.1.4.2.1 固体试样

称取0.2 g~3 g试样(精确至0.000 1 g)置于250 mL容量瓶中,加水约150 mL,置于(25±5)℃振荡器内,在(180±20)r/min的振荡频率下振荡30 min。取出后用水定容,混匀,干过滤,弃去最初几毫升滤液后,滤液待测。

7.1.4.2.2 液体试样

称取0.2 g~3 g试样(精确至0.000 1 g)置于250 mL容量瓶中,用水定容,混匀,干过滤,弃去最初几毫升滤液后,滤液待测。

7.1.4.3 工作曲线的绘制

分别吸取硼标准溶液(7.1.2.1)0 mL、0.50 mL、1.00 mL、4.00 mL、8.00 mL、10.00 mL于六个100 mL容量瓶中,用水定容,混匀。此标准系列硼的质量浓度分别为0 μg/mL、5.0 μg/mL、10.0 μg/mL、40.0 μg/mL、80.0 μg/mL、100.0 μg/mL。

测定前,根据待测元素性质和仪器性能,进行氩气流量、观测高度、射频发生器功率、积分时间等测量条件优化。然后,用等离子体发射光谱仪在波长249.772 nm处测定各标准溶液的辐射强度。以各标准溶液硼的质量浓度(μg/mL)为横坐标,相应的辐射强度为纵坐标,绘制工作曲线。

注:可根据不同仪器灵敏度调整标准曲线的质量浓度。

7.1.4.4 测定

将试样溶液或经稀释一定倍数后在与测定标准系列溶液相同的条件下,测得硼的辐射强度,在工作曲线上查出相应硼的质量浓度(μg/mL)。

7.1.4.5 空白试验

除不加试样外,其他步骤同试样溶液的测定。

7.1.5 分析结果的表述

硼(B)含量 w_5 以质量分数(%)表示,按式(13)计算:

$$w_5 = \frac{(\rho - \rho_0) D \times 250}{m \times 10^6} \times 100 \quad \cdots\cdots (13)$$

式中:

ρ——由工作曲线查出的试样溶液硼的质量浓度,单位为微克每毫升(μg/mL);

ρ_0——由工作曲线查出的空白溶液中硼的质量浓度,单位为微克每毫升(μg/mL);

D——测定时试样溶液的稀释倍数;

250——试样溶液的体积,单位为毫升(mL);

m——试料的质量,单位为克(g);

10^6——将克换算成微克的系数。

取平行测定结果的算术平均值为测定结果,结果保留到小数点后两位。

7.1.6 允许差

平行测定结果的相对相差不大于10%。

不同实验室测定结果的相对相差不大于30%。

当测定结果小于0.15%时,平行测定结果及不同实验室测定结果相对相差不计。

注:相对相差为两次测量值相差与两次测量值均值之比,下同。

7.2 甲亚胺-H酸分光光度法

7.2.1 原理

试样经振荡提取后,用EDTA掩蔽铁、铝、铜等干扰离子。当pH为5时,试样溶液中的硼酸根离子与甲亚胺-H酸生成黄色配合物,在波长415 nm处测定其吸光度。

7.2.2 试剂和材料

本标准中所用试剂、水和溶液的配制,在未注明规格和配制方法时,均应符合HG/T 2843的规定。

7.2.2.1 氢氧化钠溶液:$\rho(NaOH)=20$ g/L。

7.2.2.2 盐酸溶液:1+10。

7.2.2.3 乙酸铵缓冲溶液:pH≈5.2。

7.2.2.4 乙二胺四乙酸二钠(EDTA)溶液:$\rho(EDTA)=37.3$ g/L。

7.2.2.5 甲亚胺-H酸。

7.2.2.6 显色剂溶液:称取0.6 g甲亚胺-H酸和2 g抗坏血酸,置于100 mL聚乙烯烧杯中,加水30 mL,加热至35℃~40℃使其溶解,冷却后转移至100 mL石英容量瓶中,加水至刻度,混匀,用时现配。

7.2.2.7 硼标准储备溶液:$\rho(B)=1$ mg/mL。

7.2.2.8 硼标准溶液:$\rho(B)=0.02$ mg/mL。吸取5.0 mL硼标准储备溶液(7.2.2.7)于250 mL石英容量瓶中,用水稀释至刻度,混匀,使用时现配。

7.2.3 仪器

7.2.3.1 通常实验室仪器。

7.2.3.2 水平往复式振荡器或具有相同功效的振荡装置。

7.2.3.3 酸度计:灵敏度为0.01pH单位。

7.2.3.4 分光光度计:带有光程为1 cm的石英吸收池。

7.2.3.5 石英量瓶及石英吸管。

7.2.4 分析步骤

7.2.4.1 试样的制备

固体样品经多次缩分后,取出约100 g,将其迅速研磨至全部通过0.50 mm孔径筛(如样品潮湿,可通过 1.00 mm 筛子),混合均匀,置于洁净、干燥的容器中;液体样品经多次摇动后,迅速取出约 100 mL,置于洁净、干燥的容器中。

7.2.4.2 **试样溶液的制备**

7.2.4.2.1 **固体试样**

称取 0.2 g～3 g 试样(精确至 0.000 1 g)置于 250 mL 容量瓶中,加水约 150 mL,置于(25±5)℃振荡器内,在(180±20)r/min 的振荡频率下振荡 30 min。取出后用水定容,混匀,干过滤,弃去最初几毫升滤液后,滤液待测。

7.2.4.2.2 **液体试样**

称取 0.2 g～3 g 试样(精确至 0.000 1 g)置于 250 mL 容量瓶中,用水定容,混匀,干过滤,弃去最初几毫升滤液后,滤液待测。

7.2.4.3 **工作曲线的绘制**

按表 1 所示,吸取硼标准溶液(7.2.2.8)置于五个 50 mL 聚乙烯烧杯中。于各烧杯中加入 10 mL EDTA 溶液(7.2.2.4),用氢氧化钠溶液(7.2.2.1)或盐酸溶液(7.2.2.2)调节 pH 至 5.0,加入 5 mL 乙酸铵缓冲溶液(7.2.2.3)和 5.0 mL 显色剂溶液(7.2.2.6),转移至 50 mL 容量瓶中,用水稀释至刻度,混匀,于室温下避光放置 3 h。用 1 cm 吸收池,在波长 415 nm 处,以硼含量为 0 μg/mL 的标准溶液为参比溶液,调节分光光度计的吸光度为零后,测定各标准溶液的吸光度。

表 1

硼标准溶液体积,mL	0	0.5	1.0	2.0	4.0
相应硼的浓度,μg/mL	0	0.2	0.4	0.8	1.6

显色溶液在暗处放置 3 h 后,还可稳定 2 h,测定应在此期间完成。以各标准溶液硼的质量浓度(μg/mL)为横坐标,相应的吸光度为纵坐标,绘制工作曲线。

7.2.4.4 **测定**

吸取一定体积的试样溶液于 50 mL 聚乙烯烧杯中,以下按 7.2.4.3 规定的操作步骤,从“于各烧杯中加入 10 mL EDTA 溶液,……”开始,直至“……溶液的吸光度”为止完成测定。

7.2.4.5 **空白试验**

除不加试样外,其他步骤同试样溶液的测定。

7.2.5 **分析结果的表述**

硼(B)含量 w_5 以质量分数(%)表示,按式(14)计算:

$$w_5 = \frac{(\rho - \rho_0) \times 50 \times 250}{mV \times 10^6} \times 100 \quad (14)$$

式中:

ρ——由工作曲线查出的试样溶液中硼的浓度,单位为微克每毫升(μg/mL);

ρ_0——由工作曲线查出的空白溶液中硼的浓度,单位为微克每毫升(μg/mL);

50——显色体积,单位为毫升(mL);

250——试样溶液的体积,单位为毫升(mL);

m——试料的质量,单位为克(g);

V——吸取试样溶液的体积,单位为毫升(mL);

10^6——将克换算成微克的系数。

7.2.6 **允许差**

平行测定结果的相对相差应符合表 2 要求。

表 2

硼的质量分数,%	<0.01	0.01～0.10	>0.10
相对相差,%	≤50	≤30	≤15

7.3 质量浓度的换算

液体肥料硼(B)含量 ρ(B)以质量浓度(g/L)表示,按式(15)计算:

$$\rho(B) = 10w_5\rho \quad (15)$$

式中:

w_5——试样中硼的质量分数,单位为百分率(%);

ρ——液体试样的密度,单位为克每毫升(g/mL)。

密度的测定按 NY/T 887 的规定执行。

结果保留到小数点后一位。

8 钼含量的测定

8.1 等离子体发射光谱法(仲裁法)

8.1.1 原理

试样溶液中的钼在 ICP 光源中原子化并激发至高能态,处于高能态的原子跃迁至基态时产生具有特征波长的电磁辐射,辐射强度与钼原子浓度成正比。

8.1.2 试剂和材料

本标准中所用试剂、水和溶液的配制,在未注明规格和配制方法时,均应符合 HG/T 2843 的规定。

8.1.2.1 钼标准溶液:ρ(Mo)=1 mg/mL。

8.1.2.2 高纯氩气。

8.1.3 仪器

8.1.3.1 通常实验室仪器。

8.1.3.2 水平往复式振荡器或具有相同功效的振荡装置。

8.1.3.3 等离子体发射光谱仪。

8.1.4 分析步骤

8.1.4.1 试样的制备

固体样品经多次缩分后,取出约 100 g,将其迅速研磨至全部通过 0.50 mm 孔径筛(如样品潮湿,可通过 1.00 mm 筛子),混合均匀,置于洁净、干燥的容器中;液体样品经多次摇动后,迅速取出约 100 mL,置于洁净、干燥的容器中。

8.1.4.2 试样溶液的制备

8.1.4.2.1 固体试样

称取 0.2 g～3 g 试样(精确至 0.000 1 g)置于 250 mL 容量瓶中,加水约 150 mL,置于(25±5)℃振荡器内,在(180±20)r/min 的振荡频率下振荡 30 min。取出后用水定容,混匀,干过滤,弃去最初几毫升滤液后,滤液待测。

8.1.4.2.2 液体试样

称取 0.2 g～3 g 试样(精确至 0.000 1 g)置于 250 mL 容量瓶中,用水定容,混匀,干过滤,弃去最初几毫升滤液后,滤液待测。

8.1.4.3 工作曲线的绘制

分别吸取钼标准溶液(8.1.2.1)0 mL、0.50 mL、1.00 mL、4.00 mL、8.00 mL、10.00 mL 于六个 100

mL 容量瓶中，用水定容，混匀。此标准系列钼的质量浓度分别为 0 μg/mL、5.0 μg/mL、10.0 μg/mL、40.0 μg/mL、80.0 μg/mL、100.0 μg/mL。

测定前，根据待测元素性质和仪器性能，进行氩气流量、观测高度、射频发生器功率、积分时间等测量条件优化。然后，用等离子体发射光谱仪在波长 202.032 nm 处测定各标准溶液的辐射强度。以各标准溶液钼的质量浓度(μg/mL)为横坐标，相应的辐射强度为纵坐标，绘制工作曲线。

注：可根据不同仪器灵敏度调整标准曲线的质量浓度。

8.1.4.4 测定

将试样溶液或经稀释一定倍数后在与测定标准系列溶液相同的条件下，测得钼的辐射强度，在工作曲线上查出相应钼的质量浓度(μg/mL)。

8.1.4.5 空白试验

除不加试样外，其他步骤同试样溶液的测定。

8.1.5 分析结果的表述

钼(Mo)含量 w_6 以质量分数(%)表示，按式(16)计算：

$$w_6 = \frac{(\rho - \rho_0)D \times 250}{m \times 10^6} \times 100 \quad \cdots\cdots (16)$$

式中：

ρ——由工作曲线查出的试样溶液钼的质量浓度，单位为微克每毫升(μg/mL)；

ρ_0——由工作曲线查出的空白溶液中钼的质量浓度，单位为微克每毫升(μg/mL)；

D——测定时试样溶液的稀释倍数；

250——试样溶液的体积，单位为毫升(mL)；

m——试料的质量，单位为克(g)；

10^6——将克换算成微克的系数。

取平行测定结果的算术平均值为测定结果，结果保留到小数点后两位。

8.1.6 允许差

平行测定结果的相对相差不大于 10%。

不同实验室测定结果的相对相差不大于 30%。

当测定结果小于 0.15%时，平行测定结果及不同实验室测定结果相对相差不计。

注：相对相差为两次测量值相差与两次测量值均值之比，下同。

8.2 硫氰酸钠分光光度法

8.2.1 原理

试样经水提取后，在酸性介质中，用氯化亚锡将试样中的六价钼还原成五价钼，五价钼与硫氰酸根离子反应生成橙红色配合物，在波长 460 nm 处测定其吸光度。

8.2.2 试剂和材料

本标准中所用试剂、水和溶液的配制，在未注明规格和配制方法时，均应符合 HG/T 2843 的规定。

8.2.2.1 盐酸。

8.2.2.2 高氯酸。

8.2.2.3 盐酸溶液：1+1。

8.2.2.4 硫酸溶液：1+1。

8.2.2.5 硫酸铁溶液：$\rho[Fe_2(SO_4)_3 \cdot 9H_2O]$=50 g/L。称取 5 g 硫酸铁 $Fe_2(SO_4)_3 \cdot 9H_2O$，于适量水和约 10 mL 硫酸溶液(8.2.2.4)中加热溶解后，冷却，用水稀释至 100 mL，混匀。

8.2.2.6 氯化亚锡溶液：$\rho(SnCl_2 \cdot 2H_2O)$=100 g/L。称取 100 g 氯化亚锡 $SnCl_2 \cdot 2H_2O$ 于盛有 400 mL 盐酸溶液(8.2.2.3)的烧杯中，加热溶解后，冷却，用水稀释至 1 000 mL，置于棕色瓶中保存，现用

现配。

8.2.2.7 硫氰酸钠溶液：$\rho(NaCNS)=100$ g/L。

8.2.2.8 钼标准储备溶液：$\rho(Mo)=1$ mg/mL。

8.2.2.9 钼标准溶液：$\rho(Mo)=0.1$ mg/mL。吸取 10.00 mL 钼标准储备溶液(8.2.2.8)于 100 mL 容量瓶中，用水定容，混匀。

8.2.3 仪器

8.2.3.1 通常实验室仪器。

8.2.3.2 水平往复式振荡器或具有相同功效的振荡装置。

8.2.3.3 分光光度计：带有 1 cm 吸收池。

8.2.4 分析步骤

8.2.4.1 试样的制备

固体样品经多次缩分后，取出约 100 g，将其迅速研磨至全部通过 0.50 mm 孔径筛(如样品潮湿，可通过 1.00 mm 筛子)，混合均匀，置于洁净、干燥的容器中；液体样品经多次摇动后，迅速取出约 100 mL，置于洁净、干燥的容器中。

8.2.4.2 试样溶液的制备

8.2.4.2.1 固体试样

称取 0.2 g～3 g 试样(精确至 0.000 1 g)置于 250 mL 容量瓶中，加水约 150 mL，置于(25±5)℃振荡器内，在(180±20)r/min 的振荡频率下振荡 30 min。取出后用水定容，混匀，干过滤，弃去最初几毫升滤液后，滤液待测。

8.2.4.2.2 液体试样

称取 0.2 g～3 g 试样(精确至 0.000 1 g)置于 250 mL 容量瓶中，用水定容，混匀，干过滤，弃去最初几毫升滤液后，滤液待测。

8.2.4.3 标准曲线的绘制

分别吸取钼标准溶液(8.2.2.9)0 mL、0.50 mL、1.00 mL、1.50 mL、2.00 mL、2.50 mL、3.00 mL 于七个 100 mL 容量瓶中，于各容量瓶中加入一定量水，使溶液体积约为 50 mL，再加入 5 mL 硫酸溶液(8.2.2.4)、5 mL 高氯酸(8.2.2.2)及 2 mL 硫酸铁溶液(8.2.2.5)，摇匀，然后边摇边缓慢地加入 16 mL 硫氰酸钠溶液(8.2.2.7)和 10 mL 氯化亚锡溶液(8.2.2.6)，用水稀释至刻度，混匀，静置 1 h。此标准系列钼的质量浓度分别为 0 μg/mL、0.50 μg/mL、1.00 μg/mL、1.50 μg/mL、2.00 μg/mL、2.50 μg/mL、3.00 μg/mL。用 1 cm 吸收池，在波长 460 nm 处，以钼含量为 0 μg/mL 的标准溶液为参比溶液，调节分光光度计的吸光度为零后，测定各标准溶液的吸光度。

以各标准溶液中钼的质量浓度(μg/mL)为横坐标，相应的吸光度为纵坐标，绘制标准曲线。

8.2.4.4 测定

吸取一定体积的试样溶液于 100 mL 容量瓶中，以下按 8.2.4.3 规定的操作步骤，从"于各容量瓶中加入一定量水，……"开始，直至"……溶液的吸光度"为止完成测定。

注：如溶液浑浊，用离心机离心，取上层清液测定吸光度。

8.2.4.5 空白试验

除不加试样外，其他步骤同试样溶液的测定。

8.2.5 分析结果的表述

钼(Mo)的含量 w_6 以质量分数(%)表示，按式(17)计算：

$$w_6=\frac{(\rho-\rho_0)\times 100\times 250}{mV\times 10^6}\times 100 \quad\cdots\cdots(17)$$

式中：

ρ——由工作曲线查出的试样溶液中钼的浓度，单位为微克每毫升（$\mu g/mL$）；

ρ_0——由工作曲线查出的空白溶液中钼的浓度，单位为微克每毫升（$\mu g/mL$）；

100——显色体积，单位为毫升（mL）；

250——试样溶液的体积，单位为毫升（mL）；

m——试料的质量，单位为克（g）；

V——吸取试样溶液的体积，单位为毫升（mL）；

10^6——将克换算成微克的系数。

取平行测定结果的算术平均值为测定结果，结果保留到小数点后两位。

8.2.6 允许差

平行测定结果的绝对差值应符合表 3 要求。

表 3

钼的质量分数，%	<0.01	0.01～0.10	>0.10
相对相差，%	≤50	≤30	≤15

8.3 质量浓度的换算

液体肥料钼（Mo）含量 ρ(Mo) 以质量浓度（g/L）表示，按式（18）计算：

$$\rho(\mathrm{Mo}) = 10 w_6 \rho \qquad (18)$$

式中：

w_6——试样中钼的质量分数（%）；

ρ——液体试样的密度，单位为克每毫升（g/mL）。

密度的测定按 NY/T 887 的规定执行。

结果保留到小数点后一位。

附　录　A
（规范性附录）
水溶肥料铜、铁、锰、锌、硼、钼含量的测定　等离子体发射光谱法

A.1　原理

试样溶液中的铜、铁、锰、锌、硼、钼在ICP光源中原子化并激发至高能态，处于高能态的原子跃迁至基态时产生具有特征波长的电磁辐射，辐射强度与原子浓度成正比。

A.2　试剂和材料

本标准中所用试剂、水和溶液的配制，在未注明规格和配制方法时，均应符合HG/T 2843的规定。

A.2.1　铜标准溶液：$\rho(Cu)=1$ mg/mL。

A.2.2　铁标准溶液：$\rho(Fe)=1$ mg/mL。

A.2.3　锰标准溶液：$\rho(Mn)=1$ mg/mL。

A.2.4　锌标准溶液：$\rho(Zn)=1$ mg/mL。

A.2.5　硼标准溶液：$\rho(B)=1$ mg/mL。

A.2.6　钼标准溶液：$\rho(Mo)=1$ mg/mL。

A.2.7　高纯氩气。

A.3　仪器

A.3.1　通常实验室仪器。

A.3.2　水平往复式振荡器或具有相同功效的振荡装置。

A.3.3　等离子体发射光谱仪。

A.4　分析步骤

A.4.1　试样的制备

固体样品经多次缩分后，取出约100 g，将其迅速研磨至全部通过0.50 mm孔径筛（如样品潮湿，可通过1.00 mm筛子），混合均匀，置于洁净、干燥的容器中；液体样品经多次摇动后，迅速取出约100 mL，置于洁净、干燥的容器中。

A.4.2　试样溶液的制备

A.4.2.1　固体试样

称取0.2 g～3 g试样（精确至0.000 1 g）置于250 mL容量瓶中，加水约150 mL，置于(25±5)℃振荡器内，在(180±20)r/min的振荡频率下振荡30 min。取出后用水定容，混匀，干过滤，弃去最初几毫升滤液后，滤液待测。

A.4.2.2　液体试样

称取0.2 g～3 g试样（精确至0.000 1 g）置于250 mL容量瓶中，用水定容，混匀。干过滤，弃去最初几毫升滤液后，滤液待测。

A.4.3　混合工作曲线的绘制

吸取铜标准溶液(A. 2. 1)、铁标准溶液(A. 2. 2)、锰标准溶液(A. 2. 3)、锌标准溶液(A. 2. 4)、硼标准溶液(A. 2. 5)和钼标准溶液(A. 2. 6)0 mL、0. 50 mL、1. 00 mL、4. 00 mL、8. 00 mL、10. 00 mL 于六个 100 mL 容量瓶中，用水定容，混匀。此混合标准系列铜、铁、锰、锌、硼、钼的质量浓度分别为 0 μg/mL、5. 0 μg/mL、10. 0 μg/mL、40. 0 μg/mL、80. 0 μg/mL、100. 0 μg/mL。

测定前，根据待测元素性质和仪器性能，进行氩气流量、观测高度、射频发生器功率、积分时间等测量条件优化。然后，用等离子体发射光谱仪在各元素特征波长处(铜：324. 754 nm；铁：238. 204 nm；锰：260. 568 nm；锌：213. 857 nm；硼：249. 772 nm；钼：202. 032 nm)测定各标准溶液的辐射强度。以各标准溶液的质量浓度(μg/mL)为横坐标，相应的辐射强度为纵坐标，绘制工作曲线。

注：可根据不同仪器灵敏度调整标准曲线的质量浓度。

A. 4. 4 测定

将试样溶液或经稀释一定倍数后在与测定标准系列溶液相同的条件下，测得待测元素的辐射强度，在工作曲线上查出相应的质量浓度(μg/mL)。

A. 4. 5 空白试验

除不加试样外，其他步骤同试样溶液的测定。

A. 5 分析结果的表述

待测元素含量 w 以质量分数(%)表示，按式(A. 1)计算：

$$w = \frac{(\rho - \rho_0) D \times 250}{m \times 10^6} \times 100 \qquad (A.1)$$

式中：

ρ——由工作曲线查出的试样溶液中待测元素的质量浓度，单位为微克每毫升(μg/mL)；

ρ_0——由工作曲线查出的空白溶液中待测元素的质量浓度，单位为微克每毫升(μg/mL)；

D——测定时试样溶液的稀释倍数；

250——试样溶液的体积，单位为毫升(mL)；

m——试料的质量，单位为克(g)；

10^6——将克换算成微克的系数。

取平行测定结果的算术平均值为测定结果，结果保留到小数点后两位。

A. 6 允许差

平行测定结果的相对相差不大于 10%。

不同实验室测定结果的相对相差不大于 30%。

当测定结果小于 0. 15%时，平行测定结果及不同实验室测定结果相对相差不计。

A. 7 质量浓度的换算

液体肥料待测元素含量 ρ_1 以质量浓度(g/L)表示，按式(A. 2)计算：

$$\rho_1 = 10 w \rho \qquad (A.2)$$

式中：

w——试样中待测元素的质量分数，单位为百分率(%)；

ρ——液体试样的密度，单位为克每毫升(g/mL)。

密度的测定按 NY/T 887 的规定执行。

结果保留到小数点后一位。

ICS 65.080
G 20

中华人民共和国农业行业标准

NY/T 1975—2010

水溶肥料　游离氨基酸含量的测定

Water-soluble fertilizers—
Determination of amino-acids content

2010-12-23 发布　　2011-02-01 实施

中华人民共和国农业部　发布

前言

本标准遵照 GB/T 1.1—2009 给出的规则起草。

本标准是对 NY 1429—2007《含氨基酸水溶肥料》附录 A 的修订。

本版与原标准附录的主要差异是：

——将原标准附录部分转变为本标准正文；

——增加了氨基酸自动分析仪法的不同实验室间允许差；

——增加了柱前衍生—液相色谱仪法的试验方法。

本标准自实施之日起，同时代替 NY 1429—2007 的附录。

本标准由中华人民共和国农业部提出并归口。

本标准起草单位：国家化肥质量监督检验中心（北京）。

本标准主要起草人：刘蜜、张骏。

本标准所代替标准的历次版本发布情况为：

——NY 1429—2007《含氨基酸水溶肥料》附录 A。

水溶肥料　游离氨基酸含量的测定

1　范围

本标准规定了水溶肥料中游离氨基酸含量测定的氨基酸自动分析仪法和柱前衍生—液相色谱仪法的试验方法。

本标准适用于液体或固体水溶肥料中游离氨基酸含量的测定。

2　规范性引用文件

下列文件对于本文件的应用是必不可少的。凡是注日期的引用文件，仅注日期的版本适用于本文件。凡是不注日期的引用文件，其最新版本(包括所有的修改单)适用于本文件。

GB/T 8170　数值修约规则与极限数值的表示和判定

HG/T 2843　化肥产品　化学分析中常用标准滴定溶液、标准溶液、试剂溶液和指示剂溶液

NY/T 887　液体肥料　密度的测定

3　游离氨基酸含量的测定　氨基酸自动分析仪法(仲裁法)

3.1　原理

试样用磺基水杨酸沉淀蛋白质后，用 EDTA 络合金属元素释放氨基酸，氨基酸经分离柱分离后与茚三酮显色，测定天冬氨酸、苏氨酸、丝氨酸、谷氨酸、脯氨酸、甘氨酸、丙氨酸、胱氨酸、缬氨酸、甲硫氨酸、异亮氨酸、亮氨酸、酪氨酸、苯丙氨酸、赖氨酸、组氨酸和精氨酸共 17 种氨基酸的含量，这些氨基酸含量的总和，即为游离氨基酸的含量。

3.2　试剂和材料

本标准中所用试剂、水和溶液的配制，在未注明规格和配制方法时，均应符合 HG/T 2843 的规定。

3.2.1　柠檬酸钠($Na_3C_6H_5O_7 \cdot 2H_2O$)。

3.2.2　盐酸。

3.2.3　盐酸溶液：$c(HCl)=0.06$ mol/L。

3.2.4　氢氧化钠溶液：$\rho(NaOH)=500$ g/L。

3.2.5　磺基水杨酸溶液：$\rho(C_7H_6O_6S \cdot 2H_2O)=50$ g/L。

3.2.6　乙二胺四乙酸二钠溶液：ρ(EDTA - Na)=10 g/L。

3.2.7　柠檬酸钠缓冲液：pH 2.2。称取 19.6 g 柠檬酸钠(3.2.1)，溶解后转入 1 000 mL 容量瓶中，加入 16.5 mL 盐酸(3.2.2)，加水至刻度，混匀。必要时，可用盐酸(3.2.2)和氢氧化钠溶液(3.2.4)调节 pH 至 2.2。

3.2.8　混合氨基酸标准溶液，色谱纯。含天冬氨酸、苏氨酸、丝氨酸、谷氨酸、脯氨酸、甘氨酸、丙氨酸、胱氨酸、缬氨酸、甲硫氨酸、异亮氨酸、亮氨酸、酪氨酸、苯丙氨酸、赖氨酸、组氨酸和精氨酸共 17 种氨基酸。

3.3　仪器

3.3.1　通常实验室仪器。

3.3.2　氨基酸自动分析仪。

3.3.3　离心机(10 000 r/min 以上)或 0.45 μm 的微孔滤膜及过滤器、注射器。

3.3.4 蒸干装置:试管浓缩仪或其他浓缩装置。

3.4 分析步骤

3.4.1 试样的制备

固体样品经多次缩分后,取出约 100 g,将其迅速研磨至全部通过 0.50 mm 孔径筛(如样品潮湿,可通过 1.00 mm 筛子),混合均匀,置于洁净、干燥容器中。液体样品经多次摇动后,迅速取出约 200 mL,置于洁净、干燥的容器中。

3.4.2 试样溶液的制备

称取试样 2 g~10 g(精确到 0.001 g),置于 250 mL 容量瓶中。充分溶解后,加水至刻度,混匀,放置过夜后吸取上清液(或过滤后吸取滤液)2 mL 于 10 mL 离心管或试管中,准确加入 2 mL 磺基水杨酸溶液(3.2.5),混匀,放置 1 h。准确加入 1 mL EDTA - Na 溶液(3.2.6)和 1 mL 盐酸溶液(3.2.3),混匀,离心 15 min(或用 0.45 μm 的微孔滤膜过滤)。吸取上清液(或滤液)1 mL,蒸干。准确加入 1 mL~5 mL的柠檬酸钠缓冲液(3.2.7)溶解,使氨基酸浓度处于仪器最佳检测范围内,供仪器测定用。

3.4.3 测定

按仪器说明书要求,使混合氨基酸标准溶液(3.2.8)浓度处于仪器最佳检测范围内,作为外标上机测定。

用外标法测定试样溶液中游离氨基酸的含量。

3.5 分析结果的表述

游离氨基酸含量 w 以质量分数(%)表示,按式(1)计算:

$$w=\sum_{i=1}^{k}\frac{n_iM_iDV_1\times10^3}{mV\times10^9}\times100=\sum_{i=1}^{k}\frac{n_iM_iDV_1}{mV}\times10^{-4}\quad\cdots\cdots(1)$$

式中:

k——氨基酸的种类数;

n_i——仪器进样体积 V 中第 i 种氨基酸的物质的量,单位为纳摩尔(nmol);

M_i——第 i 种氨基酸的摩尔质量,单位为克每摩尔(g/mol);

D——测定时试样溶液的稀释倍数;

V_1——定容体积,单位为毫升(mL);

10^3——将毫升换算成微升的系数;

m——试料的质量,单位为克(g);

V——仪器进样体积,单位为微升(μL);

10^9——将克换算成纳克的系数。

取平行测定结果的算术平均值为测定结果,结果保留到小数点后一位。

3.6 允许差

平行测定结果的绝对差值应符合表 1 的要求。

表 1

游离氨基酸的质量分数,%	<10.0	10.0~20.0	>20.0
绝对差值,%	≤1.0	≤1.5	≤2.0

不同实验室测定结果的绝对差值应符合表 2 的要求。

表 2

游离氨基酸的质量分数,%	<10.0	10.0~20.0	>20.0
绝对差值,%	≤1.5	≤2.5	≤4.0

3.7 质量浓度的换算

液体肥料游离氨基酸含量 ρ(氨基酸)以质量浓度(g/L)表示,按式(2)计算:

$$\rho(\text{氨基酸}) = 10w\rho \quad \cdots\cdots (2)$$

式中:

w——试样中游离氨基酸的质量分数,单位为百分率(%);

ρ——液体试样的密度,单位为克每毫升(g/mL)。

密度的测定按 NY/T 887 的规定执行。

结果保留至整数。

4 游离氨基酸含量的测定 柱前衍生—液相色谱仪法

4.1 原理

试样用磺基水杨酸沉淀蛋白质后,用 EDTA 络合金属元素释放氨基酸,氨基酸经化学衍生后由液相色谱仪分离并测定天冬氨酸、苏氨酸、丝氨酸、谷氨酸、脯氨酸、甘氨酸、丙氨酸、胱氨酸、缬氨酸、甲硫氨酸、异亮氨酸、亮氨酸、酪氨酸、苯丙氨酸、赖氨酸、组氨酸和精氨酸共 17 种氨基酸的含量,这些氨基酸含量的总和,即为肥料中游离氨基酸的含量。

4.2 试剂和材料

本标准中所用试剂、水和溶液的配制,在未注明规格和配制方法时,均应符合 HG/T 2843 的规定。

4.2.1 磺基水杨酸溶液:$\rho(C_7H_6O_6S \cdot 2H_2O)=50$ g/L。

4.2.2 乙二胺四乙酸二钠溶液:ρ(EDTA-Na)=10 g/L。

4.2.3 混合氨基酸标准溶液,色谱纯。含天冬氨酸、苏氨酸、丝氨酸、谷氨酸、脯氨酸、甘氨酸、丙氨酸、胱氨酸、缬氨酸、甲硫氨酸、异亮氨酸、亮氨酸、酪氨酸、苯丙氨酸、赖氨酸、组氨酸和精氨酸共 17 种氨基酸。

4.2.4 所选择的衍生方法要求的试剂。

4.3 仪器

4.3.1 通常实验室仪器。

4.3.2 离心机(10 000 r/min 以上)或 0.45 μm 的微孔滤膜及过滤器、注射器。

4.3.3 液相色谱仪,配有紫外检测器。

4.3.4 所选择的衍生方法要求的仪器设备。

4.4 分析步骤

4.4.1 试样的制备

固体样品经多次缩分后,取出约 100 g,将其迅速研磨至全部通过 0.50 mm 孔径筛(如样品潮湿,可通过 1.00 mm 筛子),混合均匀,置于洁净、干燥容器中。液体样品经多次摇动后,迅速取出约 100 mL,置于洁净、干燥的容器中。

4.4.2 试样溶液的制备

称取试样 1 g~5 g(精确到 0.001 g),置于 250 mL 容量瓶中,充分溶解后,加水至刻度,混匀。放置过夜后吸取上清液(或过滤后吸取滤液)2 mL 于 10 mL 离心管或试管中,准确加入 2 mL 磺基水杨酸溶液(4.2.1),混匀,放置 1 h。准确加入 1 mL EDTA-Na 溶液(4.2.2),混匀,离心 15 min(或用 0.45 μm 的滤膜过滤)。将上清液(或滤液)按仪器说明书和所选择的衍生方法的要求稀释至合适的氨基酸浓度及 pH 范围,衍生化后使其浓度处于仪器最佳检测范围内,供仪器测定用。

4.4.3 测定

按仪器说明书和所选择的衍生方法的要求,将混合氨基酸标准溶液(4.2.3)稀释至合适的氨基酸浓度及 pH 范围，衍生化后使其浓度处于仪器最佳检测范围内，作为外标上机测定。

用外标法测定试样溶液中游离氨基酸含量。

4.5 分析结果的表述

游离氨基酸含量 w 以质量分数(%)表示，按式(3)计算：

$$w = \sum_{i=1}^{k} \frac{n_i M_i D V_1 \times 10^3}{mV \times 10^9} \times 100 = \sum_{i=1}^{k} \frac{n_i M_i D V_1}{mV} \times 10^{-4} \quad \cdots\cdots (3)$$

式中：

k——氨基酸的种类数；

n_i——仪器进样体积 V 中第 i 种氨基酸的物质的量，单位为纳摩尔(nmol)；

M_i——第 i 种氨基酸的摩尔质量，单位为克每摩尔(g/mol)；

D——测定时试样溶液的稀释倍数；

V_1——定容体积，单位为毫升(mL)；

10^3——将毫升换算成微升的系数；

m——试料的质量，单位为克(g)；

V——仪器进样体积，单位为微升(μL)；

10^9——将克换算成纳克的系数。

取平行测定结果的算术平均值为测定结果，结果保留到小数点后一位。

4.6 允许差

平行测定结果的绝对差值应符合表 3 的要求。

表 3

游离氨基酸的质量分数，%	<10.0	10.0～20.0	>20.0
绝对差值，%	≤1.0	≤2.0	≤3.0

4.7 质量浓度的换算

液体肥料游离氨基酸含量 ρ(氨基酸)，以质量浓度(g/L)表示，按式(4)计算：

$$\rho(\text{氨基酸}) = 10 w \rho \quad \cdots\cdots (4)$$

式中：

w——试样中游离氨基酸的质量分数，单位为百分率(%)；

ρ——液体试样的密度，单位为克每毫升(g/mL)。

密度的测定按 NY/T 887 的规定执行。

结果保留至整数。

ICS 65.080
G 20

中华人民共和国农业行业标准

NY/T 1976—2010

水溶肥料　有机质含量的测定

**Water-soluble fertilizers—
Determination of organic matter content**

2010-12-23 发布　　2011-02-01 实施

中华人民共和国农业部　发布

前　言

本标准遵照 GB/T 1.1—2009 给出的规则起草。

本标准由中华人民共和国农业部提出并归口。

本标准起草单位：国家化肥质量监督检验中心（北京）、农业部肥料质量监督检验测试中心（杭州）、北京市新型肥料质量监督检验站。

本标准主要起草人：孙又宁、保万魁、肖瑞芹、张骏、边武英、季卫。

水溶肥料　有机质含量的测定

1　范围

本标准规定了水溶肥料有机质含量测定的试验方法。

本标准适用于液体或固体水溶肥料中有机质含量的测定。

2　规范性引用文件

下列文件对于本文件的应用是必不可少的。凡是注日期的引用文件，仅注日期的版本适用于本文件。凡是不注日期的引用文件，其最新版本(包括所有的修改单)适用于本文件。

GB/T 8170　数值修约规则与极限数值的表示和判定

HG/T 2843　化肥产品　化学分析中常用标准滴定溶液、标准溶液、试剂溶液和指示剂溶液

NY/T 887　液体肥料　密度的测定

3　原理

用定量的重铬酸钾—硫酸溶液氧化试样中的有机碳，剩余的重铬酸钾用硫酸亚铁标准滴定溶液滴定。以试剂空白为基准，根据试样氧化前后氧化剂消耗体积，计算出有机碳含量，经过碳系数的换算得到有机质含量。

4　试剂和材料

本标准中所用试剂、水和溶液的配制，在未注明规格和配制方法时，均应符合 HG/T 2843 的规定。

4.1　重铬酸钾。

4.2　重铬酸钾，工作基准。

4.3　硫酸。

4.4　硫酸亚铁。

4.5　邻菲啰啉指示剂：称取邻菲啰啉 1.490 g 溶于含有 0.700 g 硫酸亚铁(4.4)的 100 mL 水溶液中，密闭保存于棕色瓶中。

4.6　重铬酸钾溶液：$c[1/6(K_2Cr_2O_7)]=1$ mol/L。称取重铬酸钾(4.1)49.031 g，溶于 500 mL 水中(必要时可加热溶解)，冷却后，定容到 1 L，摇匀。

4.7　重铬酸钾标准溶液：$c[1/6(K_2Cr_2O_7)]=0.200\ 0$ mol/L。称取经 120℃烘至恒重的重铬酸钾基准试剂(4.2)9.807 g，用水溶解，定容至 1 L。

4.8　硫酸亚铁标准滴定溶液：称取硫酸亚铁(4.4)56 g 溶于 600 mL～800 mL 蒸馏水中，加入 20 mL 硫酸(4.3)，定容至 1 L，贮于棕色瓶中保存。硫酸亚铁溶液在空气中易被氧化，使用时应标定准确浓度。

硫酸亚铁标准溶液的标定：吸取 20 mL 重铬酸钾标准溶液(4.7)于 200 mL 三角瓶中，加入 3 mL 硫酸(4.3)和邻菲啰啉指示剂(4.5)3 滴～5 滴，用硫酸亚铁标准溶液滴定。根据消耗硫酸亚铁标准溶液的体积，按式(1)计算硫酸亚铁标准溶液浓度 c_2。

$$c_2=\frac{c_1\times V_1}{V_2} \quad \cdots\cdots\cdots\cdots (1)$$

式中：

c_2——硫酸亚铁标准溶液的浓度，单位为摩尔每升(mol/L)；

c_1——重铬酸钾标准溶液的浓度,单位为摩尔每升(mol/L);

V_1——重铬酸钾标准溶液的体积,单位为毫升(mL);

V_2——滴定时消耗的硫酸亚铁标准溶液的体积,单位为毫升(mL)。

5 仪器

5.1 通常实验室仪器。

5.2 电砂浴或具有相同功效的其他加热装置:温度(室温至300℃)可调。

5.3 磨口三角瓶:200 mL。

5.4 与磨口三角瓶配套使用的磨口简易空气冷凝管:直径约1 cm,长约20 cm。

6 分析步骤

6.1 试样的制备

固体样品经多次缩分后,取出约100 g,将其迅速研磨至全部通过0.50 mm孔径筛(如样品潮湿,可通过1.00 mm筛子),混合均匀,置于洁净、干燥容器中;液体样品经多次摇动后,迅速取出约100 mL,置于洁净、干燥容器中。

6.2 试样溶液的制备

6.2.1 固体试样:称取试样0.5 g~1 g(精确至0.000 1 g)于100 mL烧杯中,加入少量水,用玻璃棒研磨固形物使其溶解,溶液转移至100 mL容量瓶中,用水定容,混匀。

6.2.2 液体试样:称取试样1 g~2 g(精确至0.000 1 g)置于100 mL容量瓶中,用水定容,混匀。

6.3 试样溶液的氧化

混匀后立即吸取5.0 mL试样溶液(均匀乳浊液)于200 mL磨口三角瓶中,加入5.0 mL重铬酸钾溶液(4.6)和10.0 mL硫酸(4.3)。

将三角瓶与简易空气冷凝管连接,置于已预热到200℃~230℃的电砂浴上加热。当简易空气冷凝管下端落下第一滴冷凝液时开始记时,氧化10 min±0.5 min。取下三角瓶,冷却。用水冲洗冷凝管内壁,使三角瓶中溶液体积约为120 mL。

注:若使用油浴、孔状电加热装置进行氧化,需保证加热玻璃仪器露出热源部分至少20 cm,并加盖漏斗。

6.4 滴定

向三角瓶中加入3滴~5滴邻菲啰啉指示剂(4.5),用硫酸亚铁标准滴定溶液(4.8)滴定剩余的重铬酸钾。溶液的变色过程经橙黄→蓝绿→棕红,即达终点。如果滴定所消耗的体积不到滴定空白所消耗体积的1/3时,则应减少试样称样量,重新测定。

6.5 空白试验

以5.0 mL水代替试样溶液,其他步骤同试样溶液的测定。两次空白试验的滴定绝对差值≤0.06 mL时,才可取平均值,代入计算公式。

7 分析结果的表述

有机质含量(w)以其质量分数(%)表示,按式(2)计算:

$$w_2 = \left[\frac{(V_1 - V_2)cD \times 0.003}{m} \times 100 - \frac{w_1}{12}\right] \times 1.724 \cdots\cdots (2)$$

式中:

V_1——测定空白时消耗的硫酸亚铁标准滴定溶液的体积,单位为毫升(mL);

V_2——测定试样时消耗的硫酸亚铁标准滴定溶液的体积,单位为毫升(mL);

c——硫酸亚铁标准滴定溶液的浓度,单位为摩尔每升(mol/L);

D——测定时试样溶液的稀释倍数；

0.003——与 1.00 mL 硫酸亚铁标准滴定溶液[$c(FeSO_4)$=1.000 mol/L]相当的以克表示的碳的质量；

w_1——试样中氯离子含量，单位为百分率(%)；

1/12——与 1%氯离子相当的有机碳的质量分数；

1.724——有机碳换算为有机质的系数；

m——试料的质量，单位为克(g)。

取平行测定结果的算术平均值为测定结果，结果保留三位有效数字。

8 允许差

平行测定结果的相对相差应符合表 1 的要求。

表 1

有机质的质量分数，%	≤5.00	>5.00
相对相差，%	≤20	≤10
注：相对相差为两次测量值相差与两次测量值均值之比，下同。		

不同实验室测定结果的相对相差应符合表 2 的要求。

表 2

有机质的质量分数，%	≤5.00	>5.00
相对相差，%	≤30	≤20

9 质量浓度的换算

液体肥料有机质含量 ρ(有机质)以质量浓度(g/L)表示，按式(3)计算：

$$\rho(\text{有机质}) = 10w\rho \quad (3)$$

式中：

w——试样中有机质的质量分数，单位为百分率(%)；

ρ——液体试样的密度，单位为克每毫升(g/mL)。

密度的测定按 NY/T 887 的规定执行。

结果保留三位有效数字。

ICS 65.080
G 20

中华人民共和国农业行业标准

NY/T 1977—2010

水溶肥料　总氮、磷、钾含量的测定

**Water-soluble fertilizers—
Determination of total nitrogen, phosphorus and potassium content**

2010-12-23 发布　　2011-02-01 实施

中华人民共和国农业部　发布

前　　言

本标准遵照 GB/T 1.1—2009 给出的规则起草。

本标准是对 NY 1107—2006《大量元素水溶肥料》附录的修订。

本版与原标准附录的主要差异是：

——将原标准附录部分转变为本标准正文；

——增加了总氮含量测定杜马斯燃烧法的试验方法。

本标准自实施之日起，同时代替 NY 1107—2006 的附录。

本标准由中华人民共和国农业部提出并归口。

本标准起草单位：国家化肥质量监督检验中心(北京)。

本标准主要起草人：孙又宁、保万魁、范洪黎、肖瑞芹、刘蜜、韩岩松。

本标准所代替标准的历次版本发布情况为：

——NY 1107—2006《大量元素水溶肥料》附录。

水溶肥料 总氮、磷、钾含量的测定

1 范围

本标准规定了水溶肥料总氮、磷、钾含量测定的试验方法。

本标准适用于液体或固体水溶肥料中总氮、磷、钾含量的测定。

2 规范性引用文件

下列文件对于本文件的应用是必不可少的。凡是注日期的引用文件,仅注日期的版本适用于本文件。凡是不注日期的引用文件,其最新版本(包括所有的修改单)适用于本文件。

GB/T 8170 数值修约规则与极限数值的表示和判定

GB/T 8572 复混肥料中总氮含量的测定 蒸馏后滴定法

HG/T 2843 化肥产品 化学分析中常用标准滴定溶液、标准溶液、试剂溶液和指示剂溶液

NY/T 887 液体肥料 密度的测定

3 总氮含量的测定

3.1 蒸馏后滴定法(仲裁法)

3.1.1 原理

在碱性介质中用定氮合金将硝酸根还原,直接蒸馏出氨;或在酸性介质中还原硝酸盐成铵盐,在混合催化剂存在下,用浓硫酸消化,将有机态氮或酰胺态氮转化为铵盐,从碱性溶液中蒸馏氨。将氨吸收在过量硫酸溶液中,在甲基红—亚甲基蓝混合指示剂存在下,用氢氧化钠标准滴定溶液返滴定,计算试样中的总氮含量。

3.1.2 试剂和材料

本标准中所用试剂、水和溶液的配制,在未注明规格和配制方法时,均应符合 HG/T 2843 的规定。

3.1.2.1 硫酸。

3.1.2.2 盐酸。

3.1.2.3 无水乙醇。

3.1.2.4 硒粉:细度小于 250 μm。

3.1.2.5 铬粉:细度小于 250 μm。

3.1.2.6 硫酸钾。

3.1.2.7 五水硫酸铜。

3.1.2.8 定氮合金(Cu:50%,Al:45%,Zn:5%):细度小于 850 μm。

3.1.2.9 混合催化剂:将 1 000 g 硫酸钾(3.1.2.6)、50 g 五水硫酸铜(3.1.2.7)仔细研磨,使全部通过 0.25 mm 孔径试验筛,加入 1 g 硒粉(3.1.2.4)并充分混合。

3.1.2.10 氢氧化钠溶液:$\rho(NaOH)=400$ g/L。

3.1.2.11 氢氧化钠标准滴定溶液:$c(NaOH)=0.5$ mol/L。

3.1.2.12 硫酸溶液:$c[1/2(H_2SO_4)]=0.5$ mol/L。

3.1.2.13 甲基红—亚甲基蓝混合指示剂:称取 0.10 g 甲基红和 0.05 g 亚甲基蓝,用少量无水乙醇(3.1.2.3)多次溶解后,用其稀释到 100 mL,混匀。

3.1.2.14 广泛 pH 试纸。

3.1.3 仪器

3.1.3.1 一般实验室仪器。

3.1.3.2 温度在 400℃以内可调的多孔消化仪。

3.1.3.3 自动定氮蒸馏仪。

3.1.4 分析步骤

3.1.4.1 试样的制备

固体样品经多次缩分后，取出约 100 g，将其迅速研磨至全部通过 0.50 mm 孔径筛（如样品潮湿，可通过 1.00 mm 筛子），混合均匀，置于洁净、干燥容器中；液体样品经多次摇动后，迅速取出约 100 mL，置于洁净、干燥容器中。

3.1.4.2 试样的处理与蒸馏

3.1.4.2.1 仅含铵态氮的试样

称取总氮含量不大于 235 mg 的试样 0.5 g～2 g（精确至 0.000 1 g）于消化（蒸馏）管中，加入约 70 mL 水，摇动，使试样溶解。

按自动定氮蒸馏仪使用说明书程序开启仪器。于 500 mL 三角瓶中加入 50.0 mL 硫酸溶液（3.1.2.12）和 4 滴～5 滴混合指示剂（3.1.2.13），放置三角瓶于蒸馏仪器氨液接收托盘上。将消化（蒸馏）管与仪器蒸馏头相连接，加入 20 mL 氢氧化钠溶液（3.1.2.10），开始蒸馏。当蒸馏液达到约 300 mL 时，用 pH 试纸（3.1.2.14）检查氨液输出管口的液滴，如不显示碱性则结束蒸馏。

3.1.4.2.2 含硝酸态氮和铵态氮的试样

称取总氮含量不大于 235 mg、硝酸态氮含量不大于 60 mg 的试样 0.5 g～2 g（精确至 0.000 1 g）于消化（蒸馏）管中，加入约 70 mL 水，摇动，使试样溶解。加入 3 g 定氮合金（3.1.2.8），将消化（蒸馏）管连接到准备就绪的自动定氮蒸馏仪上。

蒸馏过程除加入 20 mL 氢氧化钠溶液（3.1.2.10）后需静置 10 min 再开始蒸馏外，其他步骤同 3.1.4.2.1。

3.1.4.2.3 含酰胺态氮和铵态氮的试样

称取总氮含量不大于 235 mg 的试样 0.5 g～2 g（精确至 0.000 1 g）于消化（蒸馏）管中，加入 0.5 g 五水硫酸铜（3.1.2.7）和 10 mL 硫酸（3.1.2.1），插上长颈玻璃漏斗，置于消化仪上，调节其温度为 380℃，加热至硫酸发白烟 20 min 后停止，待消化（蒸馏）管冷却至室温后加入约 70 mL 水。

蒸馏过程除加入 50 mL 氢氧化钠溶液（3.1.2.10）外，其他步骤同 3.1.4.2.1。

3.1.4.2.4 含有机物、酰胺态氮和铵态氮的试样

称取总氮含量不大于 235 mg 的试样 0.5 g～2 g（精确至 0.000 1 g）于消化（蒸馏）管中，加入 2 g 混合催化剂（3.1.2.9）和 10 mL 硫酸（3.1.2.1），插上长颈玻璃漏斗，置于消化仪上，调节其温度为 380℃，加热至试样溶液无色透明或呈灰白色后停止，待消化（蒸馏）管冷却至室温后加入约 70 mL 水。

蒸馏过程除加入 50 mL 氢氧化钠溶液（3.1.2.10）外，其他步骤同 3.1.4.2.1。

3.1.4.2.5 含硝酸态氮、酰胺态氮和铵态氮的试样

称取总氮含量不大于 235 mg、硝酸态氮含量不大于 60 mg 的试样 0.5 g～2 g（精确至 0.000 1 g）于消化（蒸馏）管中，加入 10 mL 水，摇动，使试样溶解。加入 1.2 g 铬粉（3.1.2.5）和 7 mL 盐酸（3.1.2.2），静置 5 min，插上长颈玻璃漏斗。

将消化（蒸馏）管置于消化仪上，调节其温度为 100℃，加热至沸腾并产生大量墨绿色泡沫后继续加热 2 min～3 min。冷却至室温后加入 0.5 g 五水硫酸铜（3.1.2.7）和 10 mL 硫酸（3.1.2.1），逐渐将炉温升至 380℃，不断摇动消化（蒸馏）管，保证管内溶液不沉积结块。硫酸发烟 20 min 后停止加热，待消化（蒸馏）管冷却至室温后加入约 70 mL 水。

蒸馏过程除加入 60 mL 氢氧化钠溶液(3.1.2.10)外,其他步骤同 3.1.4.2.1。

3.1.4.2.6 含硝酸态氮、有机物、酰胺态氮和铵态氮的试样

称取总氮含量不大于 235 mg、硝酸态氮含量不大于 60 mg 的试样 0.5 g～2 g(精确至 0.000 1 g)于消化(蒸馏)管中,加入 10 mL 水,摇动,使试样溶解。加入 1.2 g 铬粉(3.1.2.5)和 7 mL 盐酸(3.1.2.2),静置 5 min,插上长颈玻璃漏斗。

将消化(蒸馏)管置于消化仪上,调节其温度为 100℃,加热至沸腾并产生大量墨绿色泡沫后继续加热 2 min～3 min,冷却至室温。加入 2 g 混合催化剂(3.1.2.9)和 10 mL 硫酸(3.1.2.1),插上长颈玻璃漏斗,浸泡过夜。次日将消化(蒸馏)管置于消化仪上,逐渐升温至硫酸发烟,在 380℃消化。消化过程需不断摇动消化管,保证管内溶液沉淀不结块。消化 60 min 后停止加热,待消化(蒸馏)管冷却至室温后加入约 70 mL 水。

蒸馏过程除加入 60 mL 氢氧化钠溶液(3.1.2.10)外,其他步骤同 3.1.4.2.1。

3.1.4.2.7 在不具备定氮蒸馏仪、消化仪的情况下,试样的处理与蒸馏亦可依照 GB/T 8572 的规定执行。

3.1.4.3 蒸馏溶液的滴定

用氢氧化钠标准滴定溶液(3.1.2.11)返滴定过量的硫酸至指示剂呈现灰绿色为终点。

3.1.4.4 空白试验

除不加试样外,其他步骤同试样溶液的测定。

3.1.5 分析结果的表述

总氮(N)含量 w 以质量分数(%)表示,按式(1)计算:

$$w = \frac{(V_2 - V_1)c \times 0.01401}{m} \times 100 \qquad (1)$$

式中:

c——试样及空白试验时使用氢氧化钠标准滴定溶液的浓度,单位为摩尔每升(mol/L);

V_1——测定试样时使用氢氧化钠标准滴定溶液的体积,单位为毫升(mL);

V_2——空白试验时使用氢氧化钠标准滴定溶液的体积,单位为毫升(mL);

0.014 01——与 1.00 mL 氢氧化钠标准滴定溶液[c(NaOH)=1.000 mol/L]相当的以克表示的氮的质量,单位为克每毫摩尔(g/mmol);

m——试料的质量,单位为克(g)。

取平行测定结果的算术平均值为测定结果,结果保留到小数点后两位。

3.1.6 允许差

平行测定结果的绝对差值不大于 0.30%。

不同实验室测定结果的绝对差值不大于 0.50%。

3.2 杜马斯燃烧法

3.2.1 原理

在高温和富氧的环境下,样品定量燃烧消解,样品中的氮转变成分子氮和氮氧化物。在载气 CO_2 的带动下,氮氧化物进入还原区域而被转化成分子氮。所生成的其他气态干扰成分被适当的吸收剂去除。分子氮由热导检测器检测。

3.2.2 试剂和材料

3.2.2.1 二氧化碳(CO_2)气体:纯度不小于 99.995%。

3.2.2.2 氧气(O_2)气体:纯度不小于 99.995%。

3.2.2.3 标准物质:天冬氨酸或尿素,纯度不小于 99%。

3.2.3 仪器

3.2.3.1 一般实验室仪器。

3.2.3.2 杜马斯定氮仪，配有热导检测器。

3.2.4 分析步骤

3.2.4.1 试样的制备

固体样品经多次缩分后，取出约 100 g，将其迅速研磨至全部通过 0.50 mm 孔径筛（如样品潮湿，可通过 1.00 mm 筛子），混合均匀，置于洁净、干燥容器中；液体样品经多次摇动后，迅速取出约 100 mL，置于洁净、干燥容器中。

3.2.4.2 试样称量

称取液体试样或通过 0.50 mm 孔径筛的固体试样 0.2 g～0.4 g（精确到 0.000 1 g），液体试样直接称入锡囊中密封，固体试样置于杜马斯定氮仪专用的锡箔纸（或无氮纸）中包好，待测。

注 1：大量元素水溶肥料可减少称样量到 100 mg～150 mg。

注 2：对于未通过 0.50 mm 孔径筛的固体试样，可先准确称取 5.000 g 于具塞瓶中，加水使其质量达 25.00 g，充分溶解，混匀后立即称样 0.2 g～0.4 g 于锡囊中密封。计算结果时应乘以 5。

3.2.4.3 仪器校准

按仪器校准程序进行空白试验和条件化测试，符合要求后以 250 mg 天冬氨酸和/或 100 mg 尿素标准物质进行测定，得出日平均校正因子。

3.2.4.4 试样测定

将准备好的试样放入进样盘，选择最佳条件进行测定，并用日平均校正因子对结果进行校正。

杜马斯定氮仪参考条件：加热炉温度：一级燃烧管 960℃、二级燃烧管 800℃、还原管 815℃；气压：O_2 减压阀的输出压力为 0.22 MPa，CO_2 减压阀输出压力约 0.12 MPa；通氧量：100 mL/min～170 mL/min；通氧时间：60 s～80 s。

3.2.5 分析结果的表述

总氮含量以其质量分数（%）表示，由仪器直接给出。

取平行测定结果的算术平均值为测定结果，结果保留到小数点后两位。

3.2.6 允许差

平行测定结果和不同实验室测定结果允许差应符合表 1 的要求。

表 1

总氮质量分数，%	≤10.00	10.00～20.00	>20.00
平行测定结果间绝对差值，%	≤0.40	≤0.50	≤0.60
不同实验室结果间绝对差值，%	≤0.50	≤0.60	≤0.80

3.3 质量浓度的换算

液体肥料总氮（N）含量 $\rho(N)$ 以质量浓度（g/L）表示，按式（2）计算：

$$\rho(N) = 10w\rho \qquad (2)$$

式中：

w——试样中氮的质量分数，单位为百分率（%）；

ρ——液体试样的密度，单位为克每毫升（g/mL）。

密度的测定按 NY/T 887 的规定执行。

结果保留到小数点后一位。

4 磷含量的测定 磷钼酸喹啉重量法

4.1 原理

试样溶液中正磷酸根离子在酸性介质中与喹钼柠酮试剂生成黄色磷钼酸喹啉沉淀，用磷钼酸喹啉重量法测定磷的含量。

4.2 试剂和材料

本标准中所用试剂、水和溶液的配制，在未注明规格和配制方法时，均应按 HG/T 2843 的规定执行。

4.2.1 硝酸溶液，$c(HNO_3)=0.1$ mol/L。

4.2.2 硝酸溶液，1+1。

4.2.3 喹钼柠酮试剂：溶液 A：溶解 70 g 钼酸铵于 100 mL 水中；溶液 B：溶解 60 g 柠檬酸于 100 mL 水中，加 85 mL 硝酸；溶液 C：在不断搅拌下，将溶液 A 缓慢加入到溶液 B 中，混匀；溶液 D：取 5 mL 喹啉，溶于 35 mL 硝酸和 100 mL 水的混合液中。在不断搅拌下，将溶液 D 缓慢加入溶液 C 中，混匀后放置暗处过夜后，用滤纸过滤，滤液加入 280 mL 丙酮，用水稀释至 1 L，摇匀，贮于聚乙烯瓶中，放置暗处，避光避热。

4.3 仪器

4.3.1 通常实验室仪器。

4.3.2 恒温干燥箱：温度可控制在 180℃±2℃。

4.3.3 玻璃坩埚式滤器：4 号，容积为 30 mL。

4.4 分析步骤

4.4.1 试样的制备

固体样品经多次缩分后，取出约 100 g，将其迅速研磨至全部通过 0.50 mm 孔径筛（如样品潮湿，可通过 1.00 mm 筛子），混合均匀，置于洁净、干燥容器中；液体样品经多次摇动后，迅速取出约 100 mL，置于洁净、干燥容器中。

4.4.2 试样溶液的制备

称取含有 P_2O_5 250 mg～500 mg 的试样 1 g～4 g（精确至 0.000 1 g），置于 250 mL 容量瓶中，加入 50 mL 硝酸溶液（4.2.1），充分溶解，用水定容，混匀后干过滤，弃去最初几毫升滤液，滤液待测。

4.4.3 测定

吸取 10.00 mL 试样溶液，置于 500 mL 烧杯中，加入 10 mL 硝酸溶液（4.2.2），用水稀释至 100 mL。盖上表面皿，在电炉上加热至沸，取下烧杯，加入 35 mL 喹钼柠酮试剂（4.2.3），盖上表面皿，在电热板上微沸 1 min 或置于近沸水浴中保温至沉淀分层，取出烧杯，用少量水冲洗表面皿，冷却至室温。

用预先在 180℃±2℃ 干燥箱内干燥至恒重的玻璃坩埚式滤器抽滤，先将上层清液滤完，然后用倾泻法洗涤沉淀 1 次～2 次（每次用水约 25 mL）。将沉淀全部转移至滤器中，滤干后再用水洗涤沉淀多次（所用水共 125 mL～150 mL）。将沉淀连同滤器置于 180℃±2℃ 干燥箱内，待温度达到 180℃后，干燥 45 min，取出移入干燥器内，冷却至室温，称量。

4.4.4 空白试验

除不加试样外，其他步骤同试样溶液的测定。

4.5 分析结果的表述

磷（以 P_2O_5 计）含量 w，以质量分数（%）表示，按式（3）计算：

$$w=\frac{(m_1-m_1)\times 250\times 0.032\,07}{m\times 10}\times 100=\frac{(m_1-m_2)\times 80.175}{m} \qquad (3)$$

式中：

m_1——磷钼酸喹啉沉淀的质量，单位为克（g）；

m_2——空白试验磷钼酸喹啉沉淀的质量，单位为克（g）；

m——试料的质量，单位为克（g）；

250——试样溶液的体积，单位为毫升(mL)；

10——分取的试样溶液的体积，单位为毫升(mL)；

0.032 07——磷钼酸喹啉质量换算为五氧化二磷质量的系数。

取平行测定结果的算术平均值为测定结果，结果保留到小数点后两位。

4.6 允许差

平行测定结果的绝对差值不大于0.30%。

不同实验室测定结果的绝对差值不大于0.50%。

4.7 质量浓度的换算

液体肥料磷(以 P_2O_5 计)含量 $\rho(P_2O_5)$，以质量浓度(g/L)表示，按式(4)计算：

$$\rho(P_2O_5) = 10w\rho \tag{4}$$

式中：

w——试样中磷的质量分数，单位为百分率(%)；

ρ——液体试样的密度，单位为克每毫升(g/mL)。

密度的测定按 NY/T 887 的规定执行。

结果保留到小数点后一位。

5 钾含量的测定 四苯硼酸钾重量法

5.1 原理

在弱碱性介质中，以四苯硼酸钠溶液沉淀试样溶液中的钾离子，用四苯硼酸钾重量法测定钾含量。为了防止阳离子干扰，可预先加入适量的乙二胺四乙酸二钠盐(EDTA)，使阳离子与乙二胺四乙酸二钠络合。

5.2 试剂和材料

本标准中所用试剂、水和溶液的配制，在未注明规格和配制方法时，均应按 HG/T 2843 的规定。

5.2.1 乙二胺四乙酸二钠盐溶液：$\rho(EDTA)=40$ g/L。

5.2.2 氢氧化钠溶液：$\rho(NaOH)=400$ g/L。

5.2.3 氯化镁溶液：$\rho(MgCl_2 \cdot 6H_2O)=100$ g/L。

5.2.4 四苯硼酸钠溶液：$\rho[NaB(C_6H_5)_4]=15$ g/L。称取15 g四苯硼酸钠溶解于约960 mL水中，加入4 mL氢氧化钠溶液(5.2.2)，搅拌均匀，再加入20 mL氯化镁溶液(5.2.3)，搅拌5 min，静置24 h后用滤纸过滤。溶液贮存在棕色瓶或聚乙烯瓶中，在一个月内稳定。如发现浑浊，使用前应过滤。

5.2.5 四苯硼酸钠洗涤液：$\rho[NaB(C_6H_5)_4]=1.5$ g/L。用9体积水稀释1体积四苯硼酸钠溶液(5.2.4)。

5.2.6 酚酞溶液：ρ(酚酞)=5 g/L，溶解0.5 g酚酞于100 mL 95%乙醇中。

5.3 仪器

5.3.1 通常实验室仪器。

5.3.2 恒温干燥箱：温度可控制在120℃±2℃。

5.3.3 玻璃坩埚式滤器：4号，容积为30 mL。

5.4 分析步骤

5.4.1 试样的制备

固体样品经多次缩分后，取出约100 g，将其迅速研磨至全部通过0.50 mm孔径筛(如样品潮湿，可通过1.00 mm筛子)，混合均匀，置于洁净、干燥容器中；液体样品经多次摇动后，迅速取出约100 mL，置于洁净、干燥容器中。

5.4.2 试样溶液的制备

5.4.2.1 固体试样

称取含氧化钾约400 mg的试样1 g～5 g(精确至0.000 1 g),置于400 mL烧杯中,加约150 mL水,加热煮沸30 min,冷却,转移到250 mL容量瓶中,用水定容,混匀,干过滤,弃去最初几毫升滤液,滤液待测。

5.4.2.2 液体试样

称取含氧化钾约400 mg的试样1 g～10 g(精确至0.000 1 g)于250 mL容量瓶中,用水定容,混匀,干过滤,弃去最初几毫升滤液,滤液待测。

5.4.3 测定

吸取一定体积的试样溶液,置于300 mL烧杯中,加40 mL EDTA溶液(5.2.1)(含阳离子过多时可适量多加),加2滴～3滴酚酞溶液(5.2.6),滴加氢氧化钠溶液(5.2.2)至红色出现时,再过量1 mL,盖上表面皿。在通风柜内缓慢加热煮沸15 min,取下烧杯,用少量水冲洗表面皿,冷却至室温。若红色消失,再用氢氧化钠溶液(5.2.2)调至红色。在不断搅拌下,于试样溶液中逐滴加入四苯硼酸钠溶液(5.2.4),1 mg氧化钾加0.5 mL四苯硼酸钠溶液,并过量约7 mL,继续搅拌1 min,静置15 min～30 min。

用预先在120℃±2℃干燥箱内干燥至恒重的玻璃坩埚式滤器抽滤,先将上层清液滤完,然后用倾泻法将沉淀全部转移至滤器中,转移沉淀所用四苯硼酸钠洗涤液(5.2.5)共20 mL～40 mL,滤干后再用四苯硼酸钠洗涤液(5.2.5)洗涤沉淀5次～7次,每次用量约5 mL,最后用水洗涤2次,每次用量约5 mL。将沉淀连同滤器置于120℃±2℃干燥箱内,待温度达到120℃后,干燥1.5 h,取出移入干燥器内,冷却至室温,称量。

注:坩埚清洗时,若沉淀不易洗去,可用丙酮清洗。

5.4.4 空白试验

除不加试样外,其他步骤同试样溶液的测定。

5.5 分析结果的表述

钾(以K_2O计)含量w,以质量分数(%)表示,按式(5)计算:

$$w-\frac{(m_1-m_2)\times 250\times 0.1314}{mV}\times 100=\frac{(m_1-m_2)\times 3285}{mV} \quad\cdots\cdots(5)$$

式中:

m_1——试液所得四苯硼酸钾沉淀的质量,单位为克(g);

m_2——空白试验所得四苯硼酸钾沉淀的质量,单位为克(g);

250——试样溶液的体积,单位为毫升(mL);

0.131 4——四苯硼酸钾质量换算为氧化钾质量的系数;

m——试料的质量,单位为克(g);

V——分取的试样溶液的体积,单位为毫升(mL)。

取平行测定结果的算术平均值为测定结果,结果保留到小数点后两位。

5.6 允许差

平行测定结果和不同实验室测定结果的允许差值应符合表2要求。

表2

钾的质量分数(以K_2O计),%	<10.00	10.00～20.00	>20.00
平行测定结果间绝对差值,%	≤0.20	≤0.30	≤0.40
不同实验室测定结果间绝对差值,%	≤0.40	≤0.60	≤0.80

5.7 质量浓度的换算

液体肥料钾(以 K_2O 计)含量 $\rho(K_2O)$ 以质量浓度(g/L)表示,按式(6)计算:

$$\rho(K_2O) = 10w\rho \quad (6)$$

式中:

w——试样中氧化钾的质量分数,单位为百分率(%);

ρ——液体试样的密度,单位为克每毫升(g/mL)。

密度的测定按 NY/T 887 的规定执行。

结果保留到小数点后一位。

ICS 65.080
G 20

中华人民共和国农业行业标准

NY/T 1978—2010

肥料　汞、砷、镉、铅、铬含量的测定

Fertilizers—Determination of mercury, arsenic, cadmium, lead and chromium content

2010-12-23 发布　　2011-02-01 实施

中华人民共和国农业部　发布

前　言

本标准遵照 GB/T 1.1—2009 给出的规则起草。

本标准是对 NY 1110—2006《水溶肥料汞、砷、镉、铅、铬的限量及其含量测定》附录的修订。

本版与原标准附录的主要差异是：

——将原标准附录部分转变为本标准正文；

——增加了汞、砷含量单独测定的试验方法；

——增加了镉、铅、铬含量测定等离子体发射光谱法的试验方法。

本标准自实施之日起，同时代替 NY 1110—2006 附录。

本标准由中华人民共和国农业部提出并归口。

本标准起草单位：国家化肥质量监督检验中心(北京)、农业部肥料质量监督检验中心(成都)、农业部肥料质量监督检验测试中心(济南)。

本标准主要起草人：孙又宁、范洪黎、张跃、保万魁、宋文琪、赵建忠。

本标准所代替标准的历次版本发布情况为：

——NY 1110—2006《水溶肥料汞、砷、镉、铅、铬的限量及其含量测定》附录。

肥料　汞、砷、镉、铅、铬含量的测定

1　范围

本标准规定了肥料中汞、砷、镉、铅、铬含量的测定方法。

本标准适用于液体或固体肥料中汞、砷、镉、铅、铬含量的测定。

本标准附录A规定了液体或固体肥料中汞、砷含量同时测定的试验方法，适合于二者浓度差不大于1 000倍的样品。

本标准附录B规定了液体或固体肥料中镉、铅、铬含量同时测定的试验方法。

2　规范性引用文件

下列文件对于本文件的应用是必不可少的。凡是注日期的引用文件，仅注日期的版本适用于本文件。凡是不注日期的引用文件，其最新版本(包括所有的修改单)适用于本文件。

GB/T 7686　化工产品中砷含量测定的通用方法

GB/T 8170　数值修约规则与极限数值的表示和判定

HG/T 2843　化肥产品　化学分析中常用标准滴定溶液、标准溶液、试剂溶液和指示剂溶液

NY/T 887　液体肥料　密度的测定

3　汞含量的测定　原子荧光光谱法

3.1　原理

在酸性介质中，硼氢化钾可将经消解的试样中汞还原成原子态汞，后由氩气载入石英原子化器中，在特制的汞空心阴极灯的发射光激发下产生原子荧光，利用荧光强度在特定条件下与被测液中的汞浓度成正比的特性，对汞进行测定。

3.2　试剂和材料

本标准中所用试剂、水和溶液的配制，在未注明规格和配制方法时，均应符合HG/T 2843的规定。

3.2.1　盐酸，优级纯。

3.2.2　硝酸，优级纯。

3.2.3　王水：将盐酸(3.2.1)与硝酸(3.2.2)按体积比3∶1混合，放置20 min后使用。

3.2.4　盐酸溶液：$\varphi(HCl)=3\%$。

3.2.5　盐酸溶液：$\varphi(HCl)=50\%$。

3.2.6　硝酸溶液：$\varphi(HNO_3)=3\%$。

3.2.7　氢氧化钾溶液：$\rho(KOH)=5\ g/L$。

3.2.8　硼氢化钾溶液：$\rho(KBH_4)=10\ g/L$。称取硼氢化钾5.0 g，溶于500 mL氢氧化钾溶液(3.2.7)中，混匀(此溶液于冰箱中可保存10 d，常温下应当日使用)。

3.2.9　重铬酸钾—硝酸溶液：$\rho(K_2Cr_2O_7)=0.5\ g/L$。称取0.5 g重铬酸钾溶解于1 000 mL硝酸溶液(3.2.6)中。

3.2.10　汞标准储备溶液：$\rho(Hg)=1\ 000\ \mu g/mL$。

3.2.11　汞标准溶液：$\rho(Hg)=10\ \mu g/mL$。吸取1 000 μg/mL汞标准储备溶液(3.2.10)10.0 mL，用重铬酸钾—硝酸溶液(3.2.9)定容至1 000 mL，混匀。

3.2.12　汞标准溶液：$\rho(Hg)=0.1\ \mu g/mL$。吸取10 μg/mL汞标准溶液(3.2.11)10.0 mL，用重铬酸

钾-硝酸溶液(3.2.9)定容至 1 000 mL,混匀。

3.3 仪器

3.3.1 通常实验室仪器。

3.3.2 原子荧光光度计,附有编码汞空心阴极灯。

3.3.3 电热板:温度在室温至 250℃内可调。

3.4 分析步骤

3.4.1 试样的制备

固体样品经多次缩分后,取出约 100 g,将其迅速研磨至全部通过 0.50 mm 孔径筛(如样品潮湿,可通过 1.00 mm 筛子),混合均匀,置于洁净、干燥的容器中;液体样品经多次摇动后,迅速取出约 100 mL,置于洁净、干燥的容器中。

3.4.2 试样溶液的制备

称取试样 0.2 g~2 g(精确至 0.000 1 g)于 100 mL 烧杯中,加入 20 mL 王水(3.2.3),盖上表面皿,于 150℃~200℃可调电热板上消化(含腐植酸水溶肥料及含大量有机物质的肥料建议先浸泡过夜)30 min,取下冷却,过滤,滤液直接收集于 50 mL 容量瓶中。滤干后用少量水冲洗三次以上,合并于滤液中,加入 3 mL 盐酸溶液(3.2.5),用水定容,混匀待测。

3.4.3 工作曲线的绘制

吸取汞标准溶液(3.2.12)0 mL、0.20 mL、0.40 mL、0.60 mL、0.80 mL、1.00 mL 于六个 50 mL 容量瓶中,加入 3 mL 盐酸溶液(3.2.5),用水定容,混匀。此标准系列溶液汞的质量浓度为:0 ng/mL、0.40 ng/mL、0.80 ng/mL、1.20 ng/mL、1.60 ng/mL、2.00 ng/mL。

根据原子荧光光度计使用说明书的要求,选择仪器的工作条件。

仪器参考条件:光电倍增管负高压 270 V;汞空心阴极灯电流 30 mA;原子化器温度 200℃;高度 8 mm;氩气流速 400 mL/min;屏蔽气 1 000 mL/min;测量方式:荧光强度或浓度直读;读数方式:峰面积;积分时间:12 s。

以盐酸溶液(3.2.4)和硼氢化钾溶液(3.2.8)为载流,汞含量为 0 ng/mL 的标准溶液为参比,测定各标准溶液的荧光强度。

以各标准溶液汞的质量浓度(ng/mL)为横坐标,相应的荧光强度为纵坐标,绘制工作曲线。

3.4.4 测定

试样溶液直接(或适当稀释后)在与测定标准系列溶液相同的条件下,测定试样溶液的荧光强度,在工作曲线上查出相应汞的质量浓度(ng/mL)。

3.4.5 空白试验

除不加试样外,其他步骤同试样溶液的测定。

3.5 分析结果的表述

汞(Hg)的含量 w 以质量分数(mg/kg)表示,按式(1)计算:

$$w=\frac{(\rho-\rho_0)D\times 50}{m\times 10^3} \quad \cdots\cdots (1)$$

式中:

ρ——由工作曲线查出的试样溶液汞的质量浓度,单位为纳克每毫升(ng/mL);

ρ_0——由工作曲线查出的空白溶液汞的质量浓度,单位为纳克每毫升(ng/mL);

D——测定时试样溶液的稀释倍数;

50——试样溶液的体积,单位为毫升(mL);

m——试料的质量,单位为克(g);

10^3——将克换算成毫克的系数。

取平行测定结果的算术平均值为测定结果，结果保留到小数点后一位。

3.6 允许差

平行测定结果的相对相差应符合表 1 的要求。

表 1

汞的质量分数，mg/kg	0.2≤w<2.5	2.5≤w≤4.0	w>4.0
相对相差，%	≤50	≤30	≤10
注：相对相差为两次测量值相差与两次测量值均值之比，下同。			

不同实验室测定结果的相对相差应符合表 2 的要求。

表 2

汞的质量分数，mg/kg	2.5≤w≤4.0	w>4.0
相对相差，%	≤100	≤50

3.7 与砷同时测定方法 原子荧光光谱法

按附录 A 的规定执行。

4 砷含量的测定

4.1 原子荧光光谱法(仲裁法)

4.1.1 原理

试样经消解后，加入硫脲使五价砷预还原为三价砷。在酸性介质中，硼氢化钾使砷还原生成砷化氢，由氩气载入石英原子化器中，在特制的砷空心阴极灯的发射光激发下产生原子荧光，利用荧光强度在特定条件下与被测液中的砷浓度成正比的特性对砷进行测定。

4.1.2 试剂和材料

本标准中所用试剂、水和溶液的配制，在未注明规格和配制方法时，均应符合 HG/T 2843 的规定。

4.1.2.1 盐酸，优级纯。

4.1.2.2 硝酸，优级纯。

4.1.2.3 王水：将盐酸(4.1.2.1)与硝酸(4.1.2.2)按体积比 3∶1 混合，放置 20 min 后使用。

4.1.2.4 盐酸溶液：$\varphi(HCl)=3\%$。

4.1.2.5 盐酸溶液：$\varphi(HCl)=50\%$。

4.1.2.6 硝酸溶液：$\varphi(HNO_3)=3\%$。

4.1.2.7 氢氧化钾溶液：$\rho(KOH)=5$ g/L。

4.1.2.8 硼氢化钾溶液：$\rho(KBH_4)=20$ g/L。称取硼氢化钾 10.0 g，溶于 500 mL 氢氧化钾溶液(4.1.2.7)中，混匀(此溶液于冰箱中可保存 10 d，常温下应当日使用)。

4.1.2.9 硫脲溶液：$\rho(NH_2CSNH_2)=50$ g/L。

4.1.2.10 砷标准储备溶液：$\rho(As)=1\,000$ μg/mL。

4.1.2.11 砷标准溶液：$\rho(As)=100$ μg/mL。吸取 1 000 μg/mL 砷标准储备溶液(4.1.2.10)10.0 mL，用盐酸溶液(4.1.2.4)定容至 100 mL，混匀。

4.1.2.12 砷标准溶液：$\rho(As)=1$ μg/mL。吸取 100 μg/mL 砷标准溶液(4.1.2.11)10.0 mL，用水定容至 1 000 mL，混匀。

4.1.3 仪器

4.1.3.1 通常实验室仪器。

4.1.3.2 原子荧光光度计,附有编码砷空心阴极灯。

4.1.3.3 电热板:温度在室温至250℃内可调。

4.1.4 分析步骤

4.1.4.1 试样的制备

固体样品经多次缩分后,取出约100 g,将其迅速研磨至全部通过0.50 mm孔径筛(如样品潮湿,可通过1.00 mm筛子),混合均匀,置于洁净、干燥的容器中;液体样品经多次摇动后,迅速取出约100 mL,置于洁净、干燥的容器中。

4.1.4.2 试样溶液的制备

称取试样0.2 g~2 g(精确至0.000 1 g)于100 mL烧杯中,加入20 mL王水(4.1.2.3),盖上表面皿,于150℃~200℃可调电热板上消化(含腐植酸水溶肥料及含大量有机物质的肥料建议先浸泡过夜)。烧杯内容物近干时,用滴管滴加盐酸(4.1.2.1)数滴,驱赶剩余硝酸,反复数次,直至再次滴加盐酸时无棕黄色烟雾出现为止。用少量水冲洗表面皿及烧杯内壁并继续煮沸5 min,取下冷却,过滤,滤液直接收集于50 mL容量瓶中。滤干后用少量水冲洗3次以上,合并于滤液中,加入10.0 mL硫脲溶液(4.1.2.9)和3 mL盐酸溶液(4.1.2.5),用水定容,混匀,放置至少30 min后测试。

4.1.4.3 工作曲线的绘制

吸取砷标准溶液(4.1.2.12)0 mL、0.50 mL、1.00 mL、1.50 mL、2.00 mL、2.50 mL于六个50 mL容量瓶中,加入10 mL硫脲溶液(4.1.2.9)和3 mL盐酸溶液(4.1.2.5),用水定容,混匀。此标准系列溶液砷的质量浓度为:0 ng/mL、10.00 ng/mL、20.00 ng/mL、30.00 ng/mL、40.00 ng/mL、50.00 ng/mL。

根据原子荧光光度计使用说明书的要求,选择仪器的工作条件。

仪器参考条件:光电倍增管负高压270 V;砷空心阴极灯电流45 mA;原子化器温度200℃;高度9 mm;氩气流速400 mL/min;屏蔽气1 000 mL/min;测量方式:荧光强度或浓度直读;读数方式:峰面积;积分时间:12 s。

以盐酸溶液(4.1.2.4)和硼氢化钾溶液(4.1.2.8)为载流,砷含量为0 ng/mL的标准溶液为参比,测定各标准溶液的荧光强度。

以各标准溶液中砷的质量浓度(ng/mL)为横坐标,相应的荧光强度为纵坐标,绘制工作曲线。

4.1.4.4 测定

试样溶液直接(或适当稀释后)在与测定标准系列溶液相同的条件下,测定试样溶液的荧光强度,在工作曲线上查出相应砷的质量浓度(ng/mL)。

4.1.4.5 空白试验

除不加试样外,其他步骤同试样溶液的测定。

4.1.5 分析结果的表述

砷(As)的含量 w 以质量分数(mg/kg)表示,按式(2)计算:

$$w=\frac{(\rho-\rho_0)D\times 50}{m\times 10^3} \qquad (2)$$

式中:

ρ——由工作曲线查出的试样溶液砷的质量浓度,单位为纳克每毫升(ng/mL);

ρ_0——由工作曲线查出的空白溶液砷的质量浓度,单位为纳克每毫升(ng/mL);

D——测定时试样溶液的稀释倍数;

50——试样溶液的体积,单位为毫升(mL);

m——试料的质量,单位为克(g);

10^3——将克换算成毫克的系数。

取平行测定结果的算术平均值为测定结果，结果保留到小数点后一位。

4.1.6 允许差

平行测定结果的相对相差应符合表 3 的要求。

表 3

砷的质量分数，mg/kg	0.5≤w<5.0	5.0≤w≤8.0	w>8.0
相对相差，%	≤50	≤30	≤10
注：相对相差为两次测量值相差与两次测量值均值之比，下同。			

不同实验室测定结果的相对相差应符合表 4 的要求。

表 4

砷的质量分数，mg/kg	5.0≤w≤8.0	w>8.0
相对相差，%	≤100	≤50

4.2 砷含量的测定　二乙基二硫代氨基甲酸银分光光度法

按 GB/T 7686 的规定执行。

4.3 砷、汞同时测定方法　原子荧光光谱法

按附录 A 的规定执行。

5 镉含量的测定

5.1 原子吸收分光光度法(仲裁法)

5.1.1 原理

试样经王水消化后，试样溶液中的镉在空气—乙炔火焰中原子化，所产生的原子蒸气吸收从镉空心阴极灯射出的特征波长 228.8 nm 的光，吸光度值与镉基态原子浓度成正比。

5.1.2 试剂和材料

本标准中所用试剂、水和溶液的配制，在未注明规格和配制方法时，均应符合 HG/T 2843 的规定。

5.1.2.1 盐酸，优级纯。

5.1.2.2 硝酸，优级纯。

5.1.2.3 王水：将盐酸(5.1.2.1)与硝酸(5.1.2.2)按体积比 3∶1 混合，放置 20 min 后使用。

5.1.2.4 镉标准储备液：ρ(Cd)=1 mg/mL。

5.1.2.5 镉标准溶液：ρ(Cd)=100 μg/mL。吸取镉标准储备液(5.1.2.4)10.00 mL 于 100 mL 容量瓶中，加入盐酸溶液(5.1.2.1)5 mL，用水定容，混匀。

5.1.2.6 镉标准溶液：ρ(Cd)=10 μg/mL。吸取镉标准溶液(5.1.2.5)10.00 mL 于 100 mL 容量瓶中，加入盐酸溶液(5.1.2.1)5 mL，用水定容，混匀。

5.1.2.7 溶解乙炔。

5.1.3 仪器

5.1.3.1 通常实验室仪器。

5.1.3.2 原子吸收分光光度计，附有空气—乙炔燃烧器及镉空心阴极灯。

5.1.3.3 电热板：温度在室温至 250℃内可调。

5.1.4 分析步骤

5.1.4.1 试样的制备

固体样品经多次缩分后，取出约 100 g，将其迅速研磨至全部通过 0.50 mm 孔径筛(如样品潮湿，可

通过 1.00 mm 筛子)，混合均匀，置于洁净、干燥的容器中；液体样品经多次摇动后，迅速取出约 100 mL，置于洁净、干燥的容器中。

5.1.4.2 试样溶液的制备

称取试样 1 g～5 g(精确到 0.001 g)，置于 100 mL 烧杯中，用少量水润湿，加入 20 mL 王水(5.1.2.3)，盖上表面皿，在 150℃～200℃电热板上微沸 30 min 后，移开表面皿继续加热，蒸至近干，取下。冷却后加 2 mL 盐酸(5.1.2.1)，加热溶解，取下冷却，过滤，滤液直接收集于 50 mL 容量瓶中，滤干后用少量水冲洗 3 次以上，合并于滤液中，定容，混匀。

5.1.4.3 标准曲线的绘制

分别吸取镉标准溶液(5.1.2.6)0 mL、1.00 mL、2.00 mL、4.00 mL、8.00 mL、16.00 mL、20.00 mL 于七个 100 mL 容量瓶中，加入 4 mL 盐酸(5.1.2.1)，用水定容，混匀。此标准系列溶液镉的质量浓度分别为 0 μg/mL、0.10 μg/mL、0.20 μg/mL、0.40 μg/mL、0.80 μg/mL、1.60 μg/mL、2.00 μg/mL。在选定最佳工作条件下，于波长 228.8 nm 处，使用空气—乙炔火焰，以镉含量为 0 μg/mL 的标准溶液为参比溶液调零，测定各标准溶液的吸光值。

以各标准溶液的镉的质量浓度(μg/mL)为横坐标，相应的吸光值为纵坐标，绘制工作曲线。

注：可根据不同仪器灵敏度调整标准曲线的质量浓度。

5.1.4.4 测定

试样溶液直接(或适当稀释后)在与测定标准系列溶液相同的条件下，测定其吸光值，在工作曲线上查出相应镉的质量浓度(μg/mL)。

5.1.4.5 空白试验

除不加试样外，其他步骤同试样溶液的测定。

5.1.5 分析结果的表述

镉(Cd)含量 w 以质量分数(mg/kg)表示，按式(3)计算：

$$w = \frac{(\rho - \rho_0)D \times 50}{m} \quad \cdots\cdots (3)$$

式中：

ρ——由工作曲线查出的试样溶液中镉的质量浓度，单位为微克每毫升(μg/mL)；

ρ_0——由工作曲线查出的空白溶液中镉的质量浓度，单位为微克每毫升(μg/mL)；

D——测定时试样溶液的稀释倍数；

50——试样溶液的体积，单位为毫升(mL)；

m——试料的质量，单位为克(g)。

取平行测定结果的算术平均值为测定结果，结果保留到小数点后一位。

5.1.6 允许差

平行测定结果的相对相差应符合表 5 的要求。

表 5

镉的质量分数，mg/kg	0.5≤w<5.0	5.0≤w≤8.0	w>8.0
相对相差，%	≤50	≤30	≤10
注：相对相差为两次测量值相差与两次测量值均值之比，下同。			

不同实验室测定结果的相对相差应符合表 6 的要求。

表 6

镉的质量分数，mg/kg	5.0≤w≤8.0	>8.0
相对相差，%	≤100	≤50

5.2 等离子体发射光谱法

5.2.1 原理

试样经王水消化后，试样溶液中的镉在ICP光源中原子化并激发至高能态，处于高能态的原子跃迁至基态时产生具有特征波长的电磁辐射，辐射强度与镉原子浓度成正比。

5.2.2 试剂和材料

本标准中所用试剂、水和溶液的配制，在未注明规格和配制方法时，均应符合HG/T 2843的规定。

5.2.2.1 盐酸，优级纯。

5.2.2.2 硝酸，优级纯。

5.2.2.3 王水：将盐酸(5.2.2.1)与硝酸(5.2.2.2)按体积比3∶1混合，放置20 min后使用。

5.2.2.4 盐酸溶液：φ(HCl)＝50%。

5.2.2.5 镉标准储备液：ρ(Cd)＝1 mg/mL。

5.2.2.6 镉标准溶液：ρ(Cd)＝100 μg/mL。吸取镉标准储备液(5.2.2.5)10.00 mL于100 mL容量瓶中，加入盐酸溶液(5.2.2.4)5 mL，用水定容，混匀。

5.2.2.7 镉标准溶液：ρ(Cd)＝20 μg/mL。吸取镉标准溶液(5.2.2.6)20.00 mL于100 mL容量瓶中，加入盐酸溶液(5.2.2.4)5 mL，用水定容，混匀。

5.2.2.8 高纯氩气。

5.2.3 仪器

5.2.3.1 通常实验室仪器。

5.2.3.2 电热板：温度在室温至250℃内可调。

5.2.3.3 等离子体发射光谱仪。

5.2.4 分析步骤

5.2.4.1 试样的制备

固体样品经多次缩分后，取出约100 g，将其迅速研磨至全部通过0.50 mm孔径筛(如样品潮湿，可通过1.00 mm筛子)，混合均匀，置于洁净、干燥的容器中；液体样品经多次摇动后，迅速取出约100 mL，置于洁净、干燥的容器中。

5.2.4.2 试样溶液的制备

称取试样1 g～5 g(精确到0.001 g)，置于100 mL烧杯中，加入20 mL王水(5.2.2.3)，盖上表面皿。在150℃～200℃电热板上微沸30 min，烧杯内容物近干时，取下，用少量水冲洗表面皿及烧杯内壁。冷却后加2 mL盐酸溶液(5.2.2.4)，加热溶解，取下冷却，过滤，滤液直接收集于50 mL容量瓶中，滤干后用少量水冲洗3次以上，合并于滤液中，定容，混匀。

5.2.4.3 工作曲线的绘制

分别吸取镉标准溶液(5.2.2.7)0 mL、1.00 mL、2.00 mL、4.00 mL、8.00 mL、10.00 mL于六个100 mL容量瓶中，加入5 mL盐酸溶液(5.2.2.4)，用水定容，混匀。此标准系列溶液镉的质量浓度分别为0 μg/mL、0.20 μg/mL、0.40 μg/mL、0.80 μg/mL、1.60 μg/mL、2.00 μg/mL。

测定前，根据待测元素性质和仪器性能，进行氩气流量、观测高度、射频发生器功率、积分时间等测量条件优化。然后，用等离子体发射光谱仪在波长214.439 nm处测定各标准溶液的辐射强度。以各标准溶液镉的质量浓度(μg/mL)为横坐标，相应的辐射强度为纵坐标，绘制工作曲线。

注：可根据不同仪器灵敏度调整标准曲线的质量浓度。

5.2.4.4 测定

试样溶液直接(或适当稀释后)在与测定标准系列溶液相同的条件下，测得镉的辐射强度，在工作曲线上查出相应镉的质量浓度(μg/mL)。

5.2.4.5 空白试验

除不加试样外，其他步骤同试样溶液的测定。

5.2.5 分析结果的表述

镉(Cd)含量 w 以质量分数(mg/kg)表示，按式(4)计算：

$$w=\frac{(\rho-\rho_0)D\times 50}{m} \qquad (4)$$

式中：

ρ——由工作曲线查出的试样溶液中镉的质量浓度，单位为微克每毫升(μg/mL)；

ρ_0——由工作曲线查出的空白溶液中镉的质量浓度，单位为微克每毫升(μg/mL)；

D——测定时试样溶液的稀释倍数；

50——试样溶液的体积，单位为毫升(mL)；

m——试料的质量，单位为克(g)。

取平行测定结果的算术平均值为测定结果，结果保留到小数点后一位。

5.2.6 允许差

平行测定结果的相对相差应符合表7的要求。

表 7

镉的质量分数，mg/kg	$0.5\leqslant w<5.0$	$5.0\leqslant w\leqslant 8.0$	$w>8.0$
相对相差，%	≤50	≤30	≤10

不同实验室测定结果的相对相差应符合表8的要求。

表 8

镉的质量分数，mg/kg	$5.0\leqslant w\leqslant 8.0$	$w>8.0$
相对相差，%	≤100	≤50

6 铅含量的测定

6.1 原子吸收分光光度法(仲裁法)

6.1.1 原理

试样经王水消化后，试样溶液中的铅在空气—乙炔火焰中原子化，所产生的原子蒸气吸收从铅空心阴极灯射出的特征波长 283.3 nm 的光，吸光度值与铅基态原子浓度成正比。

6.1.2 试剂和材料

6.1.2.1 盐酸，优级纯。

6.1.2.2 硝酸，优级纯。

6.1.2.3 王水：将盐酸(6.1.2.1)与硝酸(6.1.2.2)按体积比 3∶1 混合，放置 20 min 后使用。

6.1.2.4 铅标准储备液：ρ(Pb)=1 mg/mL。

6.1.2.5 铅标准溶液：ρ(Pb)=50 μg/mL。吸取铅标准储备液(6.1.2.4)5.00 mL 于 100 mL 容量瓶中，加入盐酸溶液(6.1.2.1)5 mL，用水定容，混匀。

6.1.2.6 溶解乙炔。

6.1.3 仪器

6.1.3.1 通常实验室仪器。

6.1.3.2 原子吸收分光光度计：附有空气—乙炔燃烧器及铅空心阴极灯。

6.1.3.3 电热板:温度在室温至250℃内可调。

6.1.4 分析步骤

6.1.4.1 试样的制备

固体样品经多次缩分后,取出约100 g,将其迅速研磨至全部通过0.50 mm孔径筛(如样品潮湿,可通过1.00 mm筛子),混合均匀,置于洁净、干燥的容器中;液体样品经多次摇动后,迅速取出约100 mL,置于洁净、干燥的容器中。

6.1.4.2 试样溶液的制备

称取试样1 g~5 g(精确到0.001 g),置于100 mL烧杯中,用少量水润湿,加入20 mL王水(6.1.2.3),盖上表面皿。在150℃~200℃电热板上微沸30 min后,移开表面皿继续加热,蒸至近干,取下。冷却后加2 mL盐酸(6.1.2.1),加热溶解,取下冷却,过滤,滤液直接收集于50 mL容量瓶中,滤干后用少量水冲洗3次以上,合并于滤液中,定容,混匀。

6.1.4.3 标准曲线的绘制

分别吸取铅标准溶液(6.1.2.5)0 mL、1.00 mL、2.00 mL、4.00 mL、6.00 mL、8.00 mL、10.00 mL于七个100 mL容量瓶中,加入4 mL盐酸(6.1.2.1),用水定容,混匀。此标准系列溶液铅的质量浓度分别为0 μg/mL、0.50 μg/mL、1.00 μg/mL、2.00 μg/mL、3.00 μg/mL、4.00 μg/mL、5.00 μg/mL。在选定最佳工作条件下,于波长283.3 nm处,使用空气—乙炔火焰,以铅含量为0 μg/mL的标准溶液为参比溶液调零,测定各标准溶液的吸光值。

以各标准溶液铅的质量浓度(μg/mL)为横坐标,相应的吸光值为纵坐标,绘制工作曲线。

注:可根据不同仪器灵敏度调整标准曲线的质量浓度。

6.1.4.4 测定

试样溶液直接(或适当稀释后)在与测定标准系列溶液相同的条件下测定其吸光值,在工作曲线上查出相应铅的质量浓度(μg/mL)。

6.1.4.5 空白试验

除不加试样外,其他步骤同试样溶液的测定。

6.1.5 分析结果的表述

铅(Pb)含量 w 以质量分数(mg/kg)表示,按式(5)计算:

$$w=\frac{(\rho-\rho_0)D\times 50}{m} \qquad (5)$$

式中:

ρ——由工作曲线查出的试样溶液中铅的质量浓度,单位为微克每毫升(μg/mL);

ρ_0——由工作曲线查出的空白溶液中铅的质量浓度,单位为微克每毫升(μg/mL);

D——测定时试样溶液的稀释倍数;

50——试样溶液的体积,单位为毫升(mL);

m——试料的质量,单位为克(g)。

取平行测定结果的算术平均值为测定结果,结果保留到小数点后一位。

6.1.6 允许差

平行测定结果的相对相差应符合表9的要求。

表9

铅的质量分数,mg/kg	10.0≤w<20.0	20.0≤w≤40.0	w>40.0
相对相差,%	≤50	≤30	≤10
注:相对相差为两次测量值相差与两次测量值均值之比,下同。			

不同实验室测定结果的相对相差应符合表 10 的要求。

表 10

铅的质量分数,mg/kg	20.0≤w≤40.0	w>40.0
相对相差,%	≤100	≤50

6.2 等离子体发射光谱法

6.2.1 原理

试样经王水消化后,试样溶液中的铅在ICP光源中原子化并激发至高能态,处于高能态的原子跃迁至基态时产生具有特征波长的电磁辐射,辐射强度与铅原子浓度成正比。

6.2.2 试剂和材料

6.2.2.1 盐酸,优级纯。

6.2.2.2 硝酸,优级纯。

6.2.2.3 王水:将盐酸(6.2.2.1)与硝酸(6.2.2.2)按体积比 3∶1 混合,放置 20 min 后使用。

6.2.2.4 盐酸溶液:$\varphi(HCl)=50\%$。

6.2.2.5 铅标准储备液:$\rho(Pb)=1$ mg/mL。

6.2.2.6 铅标准溶液:$\rho(Pb)=50$ μg/mL。吸取铅标准储备液(6.2.2.5)5.00 mL 于 100 mL 容量瓶中,加入盐酸溶液(6.2.2.4)5 mL,用水定容,混匀。

6.2.2.7 高纯氩气。

6.2.3 仪器

6.2.3.1 通常实验室仪器。

6.2.3.2 电热板:温度在室温至 250℃内可调。

6.2.3.3 等离子体发射光谱仪。

6.2.4 分析步骤

6.2.4.1 试样的制备

固体样品经多次缩分后,取出约 100 g,将其迅速研磨至全部通过 0.50 mm 孔径筛(如样品潮湿,可通过 1.00 mm 筛子),混合均匀,置于洁净、干燥的容器中;液体样品经多次摇动后,迅速取出约 100 mL,置于洁净、干燥的容器中。

6.2.4.2 试样溶液的制备

称取试样 1 g~5 g(精确到 0.001 g),置于 100 mL 烧杯中,加入 20 mL 王水(6.2.2.3),盖上表面皿,在 150℃~200℃电热板上微沸 30 min,烧杯内容物近干时,取下,用少量水冲洗表面皿及烧杯内壁。冷却后加 2 mL 盐酸溶液(6.2.2.4),加热溶解,取下冷却,过滤,滤液直接收集于 50 mL 容量瓶中,滤干后用少量水冲洗 3 次以上,合并于滤液中,定容,混匀。

6.2.4.3 标准曲线的绘制

分别吸取铅标准溶液(6.2.2.6)0 mL、1.00 mL、2.00 mL、4.00 mL、8.00 mL、10.00 mL 于六个 100 mL容量瓶中,加入 5 mL 盐酸溶液(6.2.2.4),用水定容,混匀。此标准系列溶液铅的质量浓度分别为 0 μg/mL、0.50 μg/mL、1.00 μg/mL、2.00 μg/mL、4.00 μg/mL、5.00 μg/mL。

测定前,根据待测元素性质和仪器性能,进行氩气流量、观测高度、射频发生器功率、积分时间等测量条件优化。然后,用等离子体发射光谱仪在波长 220.353 nm 处测定各标准溶液的辐射强度。以各标准溶液铅的质量浓度(μg/mL)为横坐标,相应的辐射强度为纵坐标,绘制工作曲线。

注:可根据不同仪器灵敏度调整标准曲线的质量浓度。

6.2.4.4 测定

试样溶液直接(或适当稀释后)在与测定标准系列溶液相同的条件下,测得铅的辐射强度,在工作曲线上查出相应铅的质量浓度(μg/mL)。

6.2.4.5 空白试验

除不加试样外,其他步骤同试样溶液的测定。

6.2.5 分析结果的表述

铅(Pb)含量 w 以质量分数(mg/kg)表示,按式(6)计算:

$$w = \frac{(\rho - \rho_0) D \times 50}{m} \qquad (6)$$

式中:

ρ——由工作曲线查出的试样溶液中铅的质量浓度,单位为微克每毫升(μg/mL);

ρ_0——由工作曲线查出的空白溶液中铅的质量浓度,单位为微克每毫升(μg/mL);

D——测定时试样溶液的稀释倍数;

50——试样溶液的体积,单位为毫升(mL);

m——试料的质量,单位为克(g)。

取平行测定结果的算术平均值为测定结果,结果保留到小数点后一位。

6.2.6 允许差

平行测定结果的相对相差应符合表 11 的要求。

表 11

铅的质量分数,mg/kg	$10.0 \leqslant w < 20.0$	$20.0 < w \leqslant 40.0$	$w > 40.0$
相对相差,%	≤50	≤30	≤10

不同实验室测定结果的相对相差应符合表 12 的要求。

表 12

铅的质量分数,mg/kg	$20.0 \leqslant w \leqslant 40.0$	$w > 40.0$
相对相差,%	≤100	≤50

7 铬含量的测定

7.1 原子吸收分光光度法(仲裁法)

7.1.1 原理

试样经王水消化后,试样溶液中的铬在富燃性空气—乙炔火焰中原子化,所产生的原子蒸气吸收从铬空心阴极灯射出的特征波长 357.9 nm 的光,吸光度值与铬基态原子浓度成正比。加焦硫酸钾作抑制剂,可消除试样溶液中钼、铅、铝、铁、镍和镁离子对铬测定的干扰。

7.1.2 试剂和材料

7.1.2.1 盐酸,优级纯。

7.1.2.2 硝酸,优级纯。

7.1.2.3 王水:将盐酸(7.1.2.1)与硝酸(7.1.2.2)按体积比 3∶1 混合,放置 20 min 后使用。

7.1.2.4 焦硫酸钾溶液:$\rho(K_2S_2O_7) = 100$ g/L。

7.1.2.5 铬标准储备液:$\rho(Cr) = 1$ mg/mL。

7.1.2.6 铬标准溶液:$\rho(Cr) = 50$ μg/mL。吸取铬标准储备液(7.1.2.5)5.00 mL 于 100 mL 容量瓶中,加入盐酸溶液(7.1.2.1)5 mL,用水定容,混匀。

7.1.2.7 溶解乙炔。

7.1.3 仪器

7.1.3.1 通常实验室仪器。

7.1.3.2 原子吸收分光光度计，附有空气—乙炔燃烧器及铬空心阴极灯。

7.1.3.3 电热板：温度在室温至250℃内可调。

7.1.4 分析步骤

7.1.4.1 试样的制备

固体样品经多次缩分后，取出约100 g，将其迅速研磨至全部通过0.50 mm孔径筛（如样品潮湿，可通过1.00 mm筛子），混合均匀，置于洁净、干燥的容器中；液体样品经多次摇动后，迅速取出约100 mL，置于洁净、干燥的容器中。

7.1.4.2 试样溶液的制备

称取试样1 g～5 g（精确到0.001 g），置于100 mL烧杯中，用少量水润湿，加入20 mL王水（7.1.2.3），盖上表面皿。在150℃～200℃电热板上微沸30 min后，移开表面皿继续加热，蒸至近干，取下。冷却后加2 mL盐酸（7.1.2.1），加热溶解，取下冷却，过滤，滤液直接收集于50 mL容量瓶中，滤干后用少量水冲洗3次以上，合并于滤液中，定容，混匀。

7.1.4.3 标准曲线的绘制

分别吸取铬标准溶液（7.1.2.6）0 mL、1.00 mL、2.00 mL、4.00 mL、6.00 mL、8.00 mL、10.00 mL于七个100 mL容量瓶中，加入4 mL盐酸（7.1.2.1）和20 mL焦硫酸钾溶液（7.1.2.4），用水定容，混匀。此标准系列溶液铬的质量浓度分别为0 μg/mL、0.50 μg/mL、1.00 μg/mL、2.00 μg/mL、3.00 μg/mL、4.00 μg/mL、5.00 μg/mL。在选定最佳工作条件下，于波长357.9 nm处，使用富燃性空气—乙炔火焰，以铬含量为0 μg/mL的标准溶液为参比溶液调零，测定各标准溶液的吸光值。

以各标准溶液铬的质量浓度（μg/mL）为横坐标，相应的吸光值为纵坐标，绘制工作曲线。

注：可根据不同仪器灵敏度调整标准曲线的质量浓度。

7.1.4.4 测定

吸取一定量试样溶液于25 mL容量瓶内，加入1 mL盐酸（7.1.2.1）和5 mL焦硫酸钾溶液（7.1.2.4），用水定容，混匀。在与测定标准系列溶液相同的条件下测定其吸光值，在工作曲线上查出相应铬的质量浓度（μg/mL）。

7.1.4.5 空白试验

除不加试样外，其他步骤同试样溶液的测定。

7.1.5 分析结果的表述

铬（Cr）含量 w 以质量分数（mg/kg）表示，按式（7）计算：

$$w = \frac{(\rho - \rho_0) D \times 50}{m} \quad \cdots\cdots (7)$$

式中：

ρ——由工作曲线查出的试样溶液中铬的质量浓度，单位为微克每毫升（μg/mL）；

ρ_0——由工作曲线查出的空白溶液中铬的质量浓度，单位为微克每毫升（μg/mL）；

D——测定时试样溶液的稀释倍数；

50——试样溶液的体积，单位为毫升（mL）；

m——试料的质量，单位为克（g）。

取平行测定结果的算术平均值为测定结果，结果保留到小数点后一位。

7.1.6 允许差

平行测定结果的相对相差应符合表13的要求。

表 13

铬的质量分数,mg/kg	5.0≤w<10.0	10.0≤w≤40.0	w>40.0
相对相差,%	≤50	≤30	≤10
注:相对相差为两次测量值相差与两次测量值均值之比,下同。			

不同实验室测定结果的相对相差应符合表 14 的要求。

表 14

铬的质量分数,mg/kg	10.0≤w≤40.0	w>40.0
相对相差,%	≤100	≤50

7.2 等离子体发射光谱法

7.2.1 原理

试样经王水消化后,试样溶液中的铬在 ICP 光源中原子化并激发至高能态,处于高能态的原子跃迁至基态时产生具有特征波长的电磁辐射,辐射强度与铬原子浓度成正比。

7.2.2 试剂和材料

7.2.2.1 盐酸,优级纯。

7.2.2.2 硝酸,优级纯。

7.2.2.3 王水:将盐酸(7.2.2.1)与硝酸(7.2.2.2)按体积比 3∶1 混合,放置 20 min 后使用。

7.2.2.4 盐酸溶液:φ(HCl)=50%。

7.2.2.5 铬标准储备液:ρ(Cr)=1 mg/mL。

7.2.2.6 铬标准溶液:ρ(Cr)=100 μg/mL。吸取铬标准储备液(7.2.2.5)10.00 mL 于 100 mL 容量瓶中,加入盐酸溶液(7.2.2.4)5 mL,用水定容,混匀。

7.2.2.7 铬标准溶液:ρ(Cr)=20 μg/mL。吸取镉标准溶液(7.2.2.6)20.00 mL 于 100 mL 容量瓶中,加入盐酸溶液(7.2.2.4)5 mL,用水定容,混匀。

7.2.2.8 高纯氩气。

7.2.3 仪器

7.2.3.1 通常实验室仪器。

7.2.3.2 电热板:温度在室温至 250℃内可调。

7.2.3.3 等离子体发射光谱仪。

7.2.4 分析步骤

7.2.4.1 试样的制备

固体样品经多次缩分后,取出约 100 g,将其迅速研磨至全部通过 0.50 mm 孔径筛(如样品潮湿,可通过 1.00 mm 筛子),混合均匀,置于洁净、干燥的容器中;液体样品经多次摇动后,迅速取出约 100 mL,置于洁净、干燥的容器中。

7.2.4.2 试样溶液的制备

称取试样 1 g~5 g(精确到 0.001 g),置于 100 mL 烧杯中,加入 20 mL 王水(7.2.2.3),盖上表面皿。在 150℃~200℃电热板上微沸 30 min,烧杯内容物近干时,取下,用少量水冲洗表面皿及烧杯内壁。冷却后加 2 mL 盐酸溶液(7.2.2.4),加热溶解,取下冷却,过滤,滤液直接收集于 50 mL 容量瓶中,滤干后用少量水冲洗 3 次以上,合并于滤液中,定容,混匀。

7.2.4.3 标准曲线的绘制

分别吸取铬标准溶液(7.2.2.7)0 mL、1.00 mL、2.00 mL、4.00 mL、8.00 mL、10.00 mL 于六个 100

mL 容量瓶中，加入 5 mL 盐酸溶液(7.2.2.4)，用水定容，混匀。此标准系列溶液铬的质量浓度分别为 0 μg/mL、0.20 μg/mL、0.40 μg/mL、0.80 μg/mL、1.60 μg/mL、2.00 μg/mL。

测定前，根据待测元素性质和仪器性能，进行氩气流量、观测高度、射频发生器功率、积分时间等测量条件优化。然后，用等离子体发射光谱仪在波长 267.716 nm 处测定各标准溶液的辐射强度。以各标准溶液铬的质量浓度(μg/mL)为横坐标，相应的辐射强度为纵坐标，绘制工作曲线。

注：可根据不同仪器灵敏度调整标准曲线的质量浓度。

7.2.4.4 测定

试样溶液直接(或适当稀释后)在与测定标准系列溶液相同的条件下测得铬的辐射强度，在工作曲线上查出相应铬的质量浓度(μg/mL)。

7.2.4.5 空白试验

除不加试样外，其他步骤同试样溶液的测定。

7.2.5 分析结果的表述

铬(Cr)含量 w 以质量分数(mg/kg)表示，按式(8)计算：

$$w=\frac{(\rho-\rho_0)D\times 50}{m} \quad \cdots\cdots (8)$$

式中：

ρ——由工作曲线查出的试样溶液中铬的质量浓度，单位为微克每毫升(μg/mL)；

ρ_0——由工作曲线查出的空白溶液中铬的质量浓度，单位为微克每毫升(μg/mL)；

D——测定时试样溶液的稀释倍数；

50——试样溶液的体积，单位为毫升(mL)；

m——试料的质量，单位为克(g)。

取平行测定结果的算术平均值为测定结果，结果保留到小数点后一位。

7.2.6 允许差

平行测定结果的相对相差应符合表 15 的要求。

表 15

铬的质量分数，mg/kg	$5.0\leqslant w<10.0$	$10.0\leqslant w\leqslant 40.0$	$w>40.0$
相对相差，%	≤50	≤30	≤10

不同实验室测定结果的相对相差应符合表 16 的要求。

表 16

铬的质量分数，mg/kg	$10.0\leqslant w\leqslant 40.0$	$w>40.0$
相对相差，%	≤100	≤50

附 录 A
(规范性附录)
肥料汞、砷含量的同时测定 原子荧光光谱法

A.1 原理

试样经消解后,加入硫脲使五价砷预还原为三价砷。在酸性介质中,硼氢化钾使汞还原成原子态汞,砷还原生成砷化氢,由氩气载入石英原子化器中,在特制的汞、砷空心阴极灯的发射光激发下产生原子荧光,利用荧光强度在特定条件下与被测液中的汞、砷浓度成正比的特性,对汞、砷进行测定。

A.2 试剂和材料

本标准中所用试剂、水和溶液的配制,在未注明规格和配制方法时,均应符合 HG/T 2843 的规定。

A.2.1 盐酸,优级纯。

A.2.2 硝酸,优级纯。

A.2.3 王水:将盐酸(A.2.1)与硝酸(A.2.2)按体积比 3∶1 混合,放置 20 min 后使用。

A.2.4 盐酸溶液:$\varphi(HCl)=3\%$。

A.2.5 盐酸溶液:$\varphi(HCl)=50\%$。

A.2.6 硝酸溶液:$\varphi(HNO_3)=3\%$。

A.2.7 氢氧化钾溶液:$\rho(KOH)=5$ g/L。

A.2.8 硼氢化钾溶液:$\rho(KBH_4)=20$ g/L。称取硼氢化钾 10.0 g,溶于 500 mL 氢氧化钾溶液(A.2.7)中,混匀(此溶液于冰箱中可保存 10 d,常温下应当日使用)。

A.2.9 硫脲溶液:$\rho(NH_2CSNH_2)=50$ g/L。

A.2.10 重铬酸钾—硝酸溶液:$\rho(K_2Cr_2O_7)=0.5$ g/L。称取 0.5 g 重铬酸钾溶解于 1 000 mL 硝酸溶液(A.2.6)中。

A.2.11 汞标准储备溶液:$\rho(Hg)=1\,000$ μg/mL。

A.2.12 砷标准储备溶液:$\rho(As)=1\,000$ μg/mL。

A.2.13 汞标准溶液:$\rho(Hg)=10$ μg/mL。吸取 1 000 μg/mL 汞标准储备溶液(A.2.11)10.0 mL,用重铬酸钾—硝酸溶液(A.2.10)定容至 1 000 mL,混匀。

A.2.14 汞标准溶液:$\rho(Hg)=0.1$ μg/mL。吸取 10 μg/mL 汞标准溶液(A.2.13)10.0 mL,用重铬酸钾—硝酸溶液(A.2.10)定容至 1 000 mL,混匀。

A.2.15 砷标准溶液:$\rho(As)=100$ μg/mL。吸取 1 000 μg/mL 砷标准储备溶液(A.2.12)10.0 mL,用盐酸溶液(A.2.4)定容至 100 mL,混匀。

A.2.16 砷标准溶液:$\rho(As)=1$ μg/mL。吸取 100 μg/mL 砷标准溶液(A.2.15)10.0 mL,用水定容至 1 000 mL,混匀。

A.3 仪器

A.3.1 通常实验室仪器。

A.3.2 原子荧光光度计,附有编码砷、汞空心阴极灯。

A.3.3 电热板:温度在室温至250℃内可调。

A.4 分析步骤

A.4.1 试样的制备

固体样品经多次缩分后,取出约100 g,将其迅速研磨至全部通过0.50 mm孔径筛(如样品潮湿,可通过1.00 mm筛子),混合均匀,置于洁净、干燥的容器中;液体样品经多次摇动后,迅速取出约100 mL,置于洁净、干燥的容器中。

A.4.2 试样溶液的制备

称取试样0.2 g~2 g(精确至0.000 1 g)于100 mL烧杯中,加入20 mL王水(A.2.3),盖上表面皿,于150℃~200℃可调电热板上消化(含腐植酸水溶肥料及含大量有机物质的肥料建议先浸泡过夜)。烧杯内容物近干时,用滴管滴加盐酸(A.2.1)数滴,驱赶剩余硝酸,反复数次,直至再次滴加盐酸时无棕黄色烟雾出现为止。用少量水冲洗表面皿及烧杯内壁并继续煮沸5 min,取下冷却,过滤,滤液直接收集于50 mL容量瓶中。滤干后用少量水冲洗3次以上,合并于滤液中,加入10.0 mL硫脲溶液(A.2.9)和3 mL盐酸(A.2.5),用水定容,混匀,放置至少30 min后测试。

A.4.3 混合工作曲线的绘制

吸取汞标准溶液(A.2.14)0 mL、0.20 mL、0.40 mL、0.60 mL、0.80 mL、1.00 mL,吸取砷标准溶液(A.2.16)0 mL、0.50 mL、1.00 mL、1.50 mL、2.00 mL、2.50 mL于六个50 mL容量瓶中,加入10 mL硫脲溶液(A.2.9)和3 mL浓盐酸(A.2.5),用水定容,混匀。

此混合标准系列溶液的质量浓度为:汞0 ng/mL、0.40 ng/mL、0.80 ng/mL、1.20 ng/mL、1.60 ng/mL、2.00 ng/mL;砷0 ng/mL、10.00 ng/mL、20.00 ng/mL、30.00 ng/mL、40.00 ng/mL、50.00 ng/mL。

根据原子荧光光度计使用说明书的要求,选择仪器的工作条件。

仪器参考条件:光电倍增管负高压270 V;汞空心阴极灯电流30 mA;砷空心阴极灯电流45 mA;原子化器温度200℃;高度9 mm;氩气流速400 mL/min;屏蔽气1 000 mL/min;测量方式:荧光强度或浓度直读;读数方式:峰面积;积分时间:12 s。

以盐酸溶液(A.2.4)和硼氢化钾溶液(A.2.8)为载流,汞、砷含量为0 ng/mL的标准溶液为参比,测定各标准溶液的荧光强度。

以各标准溶液汞、砷的质量浓度(ng/mL)为横坐标,相应的荧光强度为纵坐标,绘制工作曲线。

A.4.4 测定

试样溶液直接(或适当稀释后)在与测定标准系列溶液相同的条件下测定试样溶液的荧光强度,在工作曲线上查出相应汞、砷的质量浓度(ng/mL)。

A.4.5 空白试验

除不加试样外,其他步骤同试样溶液的测定。

A.5 分析结果的表述

汞(Hg)或砷(As)的含量 w 以质量分数(mg/kg)表示,按式(A.1)计算:

$$w=\frac{(\rho-\rho_0)D\times 50}{m\times 10^3} \quad \cdots\cdots (A.1)$$

式中:

ρ——由工作曲线查出的试样溶液汞或砷的质量浓度,单位为纳克每毫升(ng/mL);

ρ_0——由工作曲线查出的空白溶液汞或砷的质量浓度,单位为纳克每毫升(ng/mL);

D——测定时试样溶液的稀释倍数;

50——试样溶液的体积,单位为毫升(mL);

m——试料的质量，单位为克(g)；

10^3——将克换算成毫克的系数。

取平行测定结果的算术平均值为测定结果，结果保留到小数点后一位。

A.6 允许差

平行测定结果的相对相差应符合表 A.1 的要求。

表 A.1

汞的质量分数，mg/kg	0.2≤w<2.5	2.5≤w≤4.0	w>4.0
砷的质量分数，mg/kg	0.5≤w<5.0	5.0≤w≤8.0	w>8.0
相对相差，%	≤50	≤30	≤10
注：相对相差为两次测量值相差与两次测量值均值之比，下同。			

不同实验室测定结果的相对相差应符合表 A.2 的要求。

表 A.2

汞的质量分数，mg/kg	2.5≤w≤4.0	w>4.0
砷的质量分数，mg/kg	5.0≤w≤8.0	w>8.0
相对相差，%	≤100	≤50

附 录 B
（规范性附录）
肥料镉、铅、铬含量的测定 等离子体发射光谱法

B.1 原理

试样经王水消化后，试样溶液中的镉、铅、铬在ICP光源中原子化并激发至高能态，处于高能态的原子跃迁至基态时产生具有特征波长的电磁辐射，辐射强度与镉、铅、铬原子浓度成正比。

B.2 试剂和材料

本标准中所用试剂、水和溶液的配制，在未注明规格和配制方法时，均应符合HG/T 2843的规定。

B.2.1 盐酸，优级纯。

B.2.2 硝酸，优级纯。

B.2.3 王水：将盐酸（B.2.1）与硝酸（B.2.2）按体积比3∶1混合，放置20 min后使用。

B.2.4 盐酸溶液：$\varphi(HCl)=50\%$。

B.2.5 镉标准储备液：$\rho(Cd)=1$ mg/mL。

B.2.6 镉标准溶液：$\rho(Cd)=100$ μg/mL。吸取镉标准储备液（B.2.5）10.00 mL于100 mL容量瓶中，加入盐酸溶液（B.2.4）5 mL，用水定容，混匀。

B.2.7 镉标准溶液：$\rho(Cd)=20$ μg/mL。吸取镉标准溶液（B.2.6）20.00 mL于100 mL容量瓶中，加入盐酸溶液（B.2.4）5 mL，用水定容，混匀。

B.2.8 铅标准储备液：$\rho(Pb)=1$ mg/mL。

B.2.9 铅标准溶液：$\rho(Pb)=50$ μg/mL。吸取铅标准储备液（B.2.8）5.00 mL于100 mL容量瓶中，加入盐酸溶液（B.2.4）5 mL，用水定容，混匀。

B.2.10 铬标准储备液：$\rho(Cr)=1$ mg/mL。

B.2.11 铬标准溶液：$\rho(Cr)=100$ μg/mL。吸取铬标准储备液（B.2.10）10.00 mL于100 mL容量瓶中，加入盐酸溶液（B.2.4）5 mL，用水定容，混匀。

B.2.12 铬标准溶液：$\rho(Cr)=20$ μg/mL。吸取镉标准溶液（B.2.11）20.00 mL于100 mL容量瓶中，加入盐酸溶液（B.2.4）5 mL，用水定容，混匀。

B.2.13 高纯氩气。

B.3 仪器

B.3.1 通常实验室仪器。

B.3.2 电热板：温度在室温至250℃内可调。

B.3.3 等离子体发射光谱仪。

B.4 分析步骤

B.4.1 试样的制备

固体样品经多次缩分后，取出约100 g，将其迅速研磨至全部通过0.50 mm孔径筛（如样品潮湿，可

通过 1.00 mm 筛子)，混合均匀，置于洁净、干燥的容器中；液体样品经多次摇动后，迅速取出约 100 mL，置于洁净、干燥的容器中。

B.4.2 试样溶液的制备

称取试样 1 g～5 g(精确到 0.001 g)，置于 100 mL 烧杯中，加入 20 mL 王水(B.2.3)，盖上表面皿。在 150℃～200℃电热板上微沸 30 min，烧杯内容物近干时，取下，用少量水冲洗表面皿及烧杯内壁。冷却后加 2 mL 盐酸溶液(B.2.4)，加热溶解，取下冷却，过滤，滤液直接收集于 50 mL 容量瓶中，滤干后用少量水冲洗 3 次以上，合并于滤液中，定容，混匀。

B.4.3 混合工作曲线的绘制

分别吸取镉标准溶液(B.2.7)、铅标准溶液(B.2.9)和铬标准溶液(B.2.12)0 mL、1.00 mL、2.00 mL、4.00 mL、8.00 mL、10.00 mL 于六个 100 mL 容量瓶中，加入 5 mL 盐酸溶液(B.2.4)，用水定容，混匀。此标准系列溶液镉的质量浓度分别为 0 μg/mL、0.20 μg/mL、0.40 μg/mL、0.80 μg/mL、1.60 μg/mL、2.00 μg/mL，铅的质量浓度分别为 0 μg/mL、0.50 μg/mL、1.00 μg/mL、2.00 μg/mL、4.00 μg/mL、5.00 μg/mL，铬的质量浓度分别为 0 μg/mL、0.20 μg/mL、0.40 μg/mL、0.80 μg/mL、1.60 μg/mL、2.00 μg/mL。

测定前，根据待测元素性质和仪器性能，进行氩气流量、观测高度、射频发生器功率、积分时间等测量条件优化。然后，用等离子体发射光谱仪在各元素特征波长处(镉：214.439 nm，铅：220.353 nm，铬：267.716 nm)测定各标准溶液的辐射强度。以各标准溶液的质量浓度(μg/mL)为横坐标，相应的辐射强度为纵坐标，绘制工作曲线。

注：可根据不同仪器灵敏度调整标准曲线的质量浓度。

B.4.4 测定

试样溶液直接(或适当稀释后)在与测定标准系列溶液相同的条件下测得待测元素的辐射强度，在工作曲线上查出相应的质量浓度(μg/mL)。

B.4.5 空白试验

除不加试样外，其他步骤同试样溶液的测定。

B.5 分析结果的表述

待测元素含量 w 以质量分数(mg/kg)表示，按式(B.1)计算：

$$w=\frac{(\rho-\rho_0)D\times 50}{m} \qquad \text{(B.1)}$$

ρ——由工作曲线查出的试样溶液中待测元素的质量浓度，单位为微克每毫升(μg/mL)；

ρ_0——由工作曲线查出的空白溶液中待测元素的质量浓度，单位为微克每毫升(μg/mL)；

D——测定时试样溶液的稀释倍数；

50——试样溶液的体积，单位为毫升(mL)；

m——试料的质量，单位为克(g)。

取平行测定结果的算术平均值为测定结果，结果保留到小数点后一位。

B.6 允许差

平行测定结果的相对相差应符合表 B.1 的要求。

表 B.1

镉的质量分数，mg/kg	$0.5<w<5.0$	$5.0\leqslant w\leqslant 8.0$	$w>8.0$
铅的质量分数，mg/kg	$10.0<w<20.0$	$20.0\leqslant w\leqslant 40.0$	$w>40.0$

表 B.1（续）

铬的质量分数，mg/kg	5.0<w<10.0	10.0≤w≤40.0	w>40.0
相对相差，%	≤50	≤30	≤10
注：相对相差为两次测量值相差与两次测量值均值之比，下同。			

不同实验室测定结果的相对相差应符合表 B.2 的要求。

表 B.2

镉的质量分数，mg/kg	5.0≤w≤8.0	w>8.0
铅的质量分数，mg/kg	20.0≤w≤40.0	w>40.0
铬的质量分数，mg/kg	10.0≤w≤40.0	w>40.0
相对相差，%	≤100	≤50

ICS 65.080
B 08

中华人民共和国农业行业标准

NY 1979—2010

肥料登记　标签技术要求

Fertilizer registration—
Tech-regulations of fertilizer labels

2010-12-23 发布　　2011-02-01 实施

中华人民共和国农业部　发布

前　言

本标准遵照 GB/T 1.1—2009 给出的规则起草。

本标准第 3 章和第 4 章为强制性条款，其余为推荐性条款。

本标准由中华人民共和国农业部提出并归口。

本标准起草单位：国家化肥质量监督检验中心（北京）。

本标准主要起草人：王旭、刘红芳、孙蓟锋、保万魁。

肥料登记　标签技术要求

1　范围

本标准规定了肥料登记标签内容和标明值判定的技术要求。

本标准适用于中华人民共和国境内登记和销售的肥料和土壤调理剂。

本标准不适用于中华人民共和国境内登记和销售的复混肥料、有机肥料和微生物肥料。

2　规范性引用文件

下列文件对于本文件的应用是必不可少的。凡是注日期的引用文件，仅注日期的版本适用于本文件。凡是不注日期的引用文件，其最新版本(包括所有的修改单)适用于本文件。

GB 190　危险货物包装标志

GB 191　包装储运图示标志

GB 18382　肥料标识　内容和要求

《定量包商品计量监督管理办法》

《肥料登记管理办法》

3　一般要求

3.1　肥料登记标签应符合《肥料登记管理办法》的要求。

3.2　一个肥料登记证允许有一个或多个产品标签，允许在单一养分含量、适宜范围、使用说明和包装规格等方面存在差异。标签内容完全相同的，应使用同一种标签。

3.3　标签应牢固粘贴在包装容器上，或将标签内容直接印刷于包装容器上。

3.4　标签文字应使用汉字，并符合汉字书写规范要求。标签允许同时使用汉语拼音、少数民族文字或外文，但字体应不大于汉字。

3.5　标签图示应按 GB 190 和 GB 191 的规定执行。

3.6　肥料和土壤调理剂中的植物营养成分包括：

3.6.1　植物必需营养元素。

——大量营养元素：碳(C)、氢(H)、氧(O)、氮(N)、磷(P)、钾(K)；

——中量营养元素：钙(Ca)、镁(Mg)、硫(S)；

——微量营养元素：铜(Cu)、铁(Fe)、锰(Mn)、锌(Zn)、硼(B)、钼(Mo)、氯(Cl)。

3.6.2　植物有益营养元素：钠(Na)、硅(Si)、硒(Se)、铝(Al)、钴(Co)、镍(Ni)。

3.6.3　有机营养成分：有机质、氨基酸、腐植酸等。

3.7　肥料和土壤调理剂中的限量成分：

——有毒有害元素：汞(Hg)、砷(As)、镉(Cd)、铅(Pb)、铬(Cr)；

——水不溶物、水分(H_2O)及其他登记限量成分。

3.8　营养成分和限量成分应选择以标明值、最低标明值或最高标明值等形式标明。标明值应仅以数值和计量单位表示；最低标明值应以“≥标明值”表示；最高标明值应以“≤标明值”表示。

3.9　肥料营养成分标明要求。

3.9.1　大量营养元素以“$N+P_2O_5+K_2O$”的最低标明值形式标明，同时还应标明单一大量元素的标明值。氮、磷、钾应分别以总氮(N)、磷(P_2O_5)和钾(K_2O)的形式标明。若需标明氮形态，总氮应分别以硝态氮、铵态氮和酰胺态氮形式标明。元素碳(C)、氢(H)、氧(O)不单独作为肥料和土壤调理剂营养成分标明。

3.9.2 中量营养元素以“Ca+Mg”的最低标明值形式标明,同时还应标明单一钙(Ca)和镁(Mg)的标明值。中量元素硫(S)的标明值应按肥料登记要求执行。螯合态成分应以“螯合剂缩写—螯合元素”形式标明。

3.9.3 微量营养元素以“Cu+Fe+Mn+Zn+B+Mo”的最低标明值形式标明,同时还应标明单一微量元素的标明值。铜、铁、锰、锌、硼、钼应分别以铜(Cu)、铁(Fe)、锰(Mn)、锌(Zn)、硼(B)、钼(Mo)的形式标明。氯(Cl)的标明值应按肥料登记要求执行。螯合态成分应以“螯合剂缩写—螯合元素”形式标明。

3.9.4 有益营养元素应标明单一元素的标明值。钠、硅、硒、铝、钴、镍应按肥料登记要求分别以钠(Na)、硅(Si)、硒(Se)、铝(Al)、钴(Co)、镍(Ni)的形式标明。

3.9.5 有机营养成分应以有机质、氨基酸、腐植酸等最低标明值形式标明。

3.10 土壤调理剂营养成分的标明要求:磷、钾、钙、镁、硅等应分别按肥料登记要求单独以磷(P_2O_5)、钾(K_2O)、钙(CaO)、镁(MgO)、硅(SiO_2)等形式标明。其他同肥料营养成分标明要求。

3.11 限量成分标明要求:以汞(Hg)、砷(As)、镉(Cd)、铅(Pb)、铬(Cr)、水不溶物、水分(H_2O)形式及其他登记限量成分要求标明的最高标明值形式标明。

注:水分仅适用于固体产品。

3.12 标签计量单位应使用中华人民共和国法定计量单位。

3.12.1 固体产品营养成分含量、水分含量、水不溶物含量以质量分数(百分比,%)表示。

3.12.2 液体产品营养成分含量、水不溶物含量以质量浓度(克/升,g/L)表示。

3.12.3 固体和液体产品有毒有害元素含量以质量分数(毫克/千克,mg/kg)表示。

3.12.4 用量以单位面积(公顷,hm^2)所使用产品数量表示。采用亩作为单位面积或采用稀释倍数表述的,均应同时标明每公顷用量。

3.13 其余按 GB 18382 的规定执行。

4 内容要求

4.1 最小销售包装上的肥料登记标签内容应包括:

4.1.1 肥料登记证号。应按肥料登记证执行。

4.1.2 通用名称。应按肥料登记证执行。

4.1.3 商品名称。应按肥料登记证执行。不应使用数字、序列号、外文(境外产品标签需标明生产国文字作为商品名称的,以括弧的形式表述在中文商品名称之后),不应误导消费者。

注:境外指国外及港、澳、台地区,下同。

4.1.4 商标。应在中华人民共和国境内正式注册,商标注册范围应包含肥料和/或土壤调理剂。

4.1.5 产品说明。应包含对产品原料和生产工艺的说明,不应进行夸大、虚假宣传。

4.1.6 执行标准号。境内产品应标明产品所执行的国家/行业标准号或经登记备案的企业标准号。

4.1.7 剂型。应按肥料登记证执行。

4.1.8 技术指标要求。

——大量元素含量、中量元素含量和/或微量元素含量应按登记证要求标明最低标明值,还应标明各单一养分标明值。允许总氮以硝态氮、铵态氮或酰胺态氮形式分别标明。硫(S)、氯(Cl)应按肥料登记要求执行;

——有机成分、有益元素应按肥料登记证执行;

——土壤调理剂、农林保水剂、缓释肥料等应按肥料登记证执行。

4.1.9 限量指标要求。应符合肥料登记要求,标明汞(Hg)、砷(As)、镉(Cd)、铅(Pb)、铬(Cr)、水不溶物和/或水分(H_2O)等最高标明值。

4.1.10 适宜范围:指适宜的作物和/或适宜土壤(区域),应符合肥料登记要求。

4.1.11 限用范围:指不适宜的作物和/或不适宜土壤(区域),应符合肥料登记要求。

4.1.12 使用说明。应包含使用时间、用法、用量以及与其他制剂混用的条件和要求。

4.1.13 注意事项。不宜使用的作物生长期、作物敏感的光热条件、对人畜存在的潜在危害及防护、急救措施等。

4.1.14 净含量。固体产品以克(g)、千克(kg)表示,液体产品以毫升(mL)、升(L)表示。其余按《定量包装商品计量监督管理办法》的规定执行。

4.1.15 生产日期及批号。

4.1.16 有效期。含有机营养成分的产品应标明有效期,其他产品应根据其特点酌情标明有效期。有效期应以月为单位、自生产日期开始计。

4.1.17 贮存和运输要求。对贮存和运输环境的光照、温度、湿度等有特殊要求的产品,应标明条件要求。对于具有酸、碱等腐蚀性、易碎、易潮、不宜倒置或其他特殊要求的产品,应标明警示标识和说明。

4.1.18 企业名称:指生产企业名称,应与肥料登记证一致。境外产品标签还应标明境内代理机构名称。

4.1.19 生产地址:指企业生产登记产品所在地的地址。若企业具有两个或两个以上生产厂点,标签上应只标明实际生产所在地的地址。境外产品标签还应标明境内代理机构的地址。

4.1.20 联系方式应包含企业联系电话、传真等。境外产品标签还应标明境内代理机构的联系电话、传真等。

4.2 肥料登记证号、通用名称、执行标准号、剂型、技术指标要求、限量指标要求、使用说明、注意事项、净含量、贮存和运输要求、企业名称、生产地址、联系方式为标签必须标明的项目。

4.3 最小销售包装中进行分量包装的,分量包装容器上应标明其肥料登记证号、通用名称和净含量。

5 标明值判定要求

根据肥料和土壤调理剂特性,对肥料登记标签标明值进行判定时,应符合下列要求。

5.1 应符合肥料登记证技术指标要求。

5.2 单一大量元素标明值之和应符合大量元素含量最低标明值要求。

当单一大量元素标明值不大于4.0%或40 g/L时,各测定值与标明值负相对偏差的绝对值应不大于40%;当单一大量元素标明值大于4.0%或40 g/L时,各测定值与标明值负偏差的绝对值应不大于1.5%或15 g/L。

5.3 单一中量元素标明值之和应符合中量元素含量最低标明值要求。

当单一中量元素标明值不大于2.0%或20 g/L时,各测定值与标明值负相对偏差的绝对值应不大于40%;当单一中量元素标明值大于2.0%或20 g/L时,各测定值与标明值负偏差的绝对值应不大于1.0%或10 g/L。

注:中量元素仅指钙和镁。肥料以钙(Ca)和镁(Mg)计;土壤调理剂以钙(CaO)和镁(MgO)计。

5.4 单一微量元素标明值之和应符合微量元素含量最低标明值要求。

当单一微量元素标明值不大于2.0%或20 g/L时,各测定值与标明值正负相对偏差的绝对值应不大于40%;当单一微量元素标明值大于2.0%或20 g/L时,各测定值与标明值正负偏差的绝对值应不大于1.0%或10 g/L。

注:微量元素仅指铜(Cu)、铁(Fe)、锰(Mn)、锌(Zn)、硼(B)和钼(Mo)。

5.5 硫(S)元素含量应符合其标明值要求。

当硫元素标明值为“硫(S)≤3.0%或30 g/L”时，其测定值应不大于3.0%或30 g/L；当硫元素标明值大于3.0%或30 g/L时，其测定值与标明值正负偏差的绝对值应不大于1.5%或15 g/L。

5.6 氯(Cl)元素含量应符合其标明值要求。

当氯元素标明值为“氯(Cl)≤3.0%或30 g/L”时，其测定值应不大于3.0%或30 g/L；当氯元素标明值大于3.0%或30 g/L时，其测定值与标明值正负偏差的绝对值应不大于1.5%或15 g/L。

5.7 钠(Na)元素含量应符合其标明值要求。

当钠元素标明值为“钠(Na)≤3.0%或30 g/L”时，其测定值应不大于3.0%或30 g/L；当钠元素标明值大于3.0%或30 g/L时，其测定值与标明值正负偏差的绝对值应不大于1.5%或15 g/L。

5.8 硅(Si)、硒(Se)、铝(Al)、钴(Co)、镍(Ni)含量应符合其标明值要求。

当硅、硒、铝、钴或镍元素标明值不大于2.0%或20 g/L时，各测定值与标明值正负相对偏差的绝对值应不大于40%；当硅、硒、铝、钴或镍元素标明值大于2.0%或20 g/L时，各测定值与标明值正负偏差的绝对值应不大于1.0%或10 g/L。

5.9 有机质、氨基酸、腐植酸等测定值应符合其最低标明值要求。

5.10 限量指标标明值要求。

——汞(Hg)、砷(As)、镉(Cd)、铅(Pb)、铬(Cr)元素测定值应符合其最高标明值要求；

——水不溶物含量、水分含量测定值应符合其最高标明值要求。

5.11 pH测定值应符合其标明值正负偏差pH值±1.0的要求。

附　录　A
（规范性附录）
肥料和土壤调理剂　检验规则

A.1　范围

本附录规定了肥料登记标签标明值判定的检验规则要求。

A.2　规范性引用文件

下列文件对于本文件的应用是必不可少的。凡是注日期的引用文件，仅注日期的版本适用于本文件。凡是不注日期的引用文件，其最新版本（包括所有的修改单）适用于本文件。

GB/T 6679　固体化工产品采样通则

GB/T 6680　液体化工产品采样通则

GB/T 8170　数值修约规则与极限数值的表示和判定

《产品质量仲裁检验和产品质量鉴定管理办法》

A.3　检验规则

A.3.1　产品应由企业质量监督部门进行检验，生产企业应保证所有的销售产品均符合执行标准的要求，产品应附有质量证明书。

A.3.2　固体或散装产品采样按 GB/T 6679 的规定执行。液体产品采样按 GB/T 6680 的规定执行。

A.3.3　将所采样品置于洁净、干燥的容器中，迅速混匀。取固体样品 600 g 或液体样品 600 mL，分装于两个洁净、干燥的容器中，密封并贴上标签，注明生产企业名称、产品名称、批号或生产日期、采样日期、采样人姓名。其中一瓶用于产品质量分析，另一瓶应保存至少两个月，以备复验。

A.3.4　固体样品经多次缩分后，取出约 100 g，将其迅速研磨至全部通过 0.50 mm 孔径筛（如样品潮湿，可通过 1.00 mm 筛子），混合均匀，置于洁净、干燥的容器中，用于测定。

A.3.5　液体样品经多次摇动后，迅速取出约 100 mL，置于洁净、干燥的容器中，用于测定。

A.3.6　产品按肥料登记检验方法进行检验。

A.3.7　产品质量合格判定，采用 GB/T 8170 中“修约值比较法”。

A.3.8　用户有权按本标准规定的检验规则和检验方法对所收到的产品进行核验。

A.3.9　当供需双方对产品质量发生异议需仲裁时，应按《产品质量仲裁检验和产品质量鉴定管理办法》的规定执行。

ICS 65.080
B 08

中华人民共和国农业行业标准

NY 1980—2010

肥料登记
急性经口毒性试验及评价要求

Fertilizer registration—
Determination and evaluation of acute oral toxicity

2010-12-23 发布　　　　2011-02-01 实施

中华人民共和国农业部　发布

前　言

本标准遵照 GB/T 1.1—2009 给出的规则起草。

本标准第 4 章为强制性条款，其余为推荐性条款。

本标准由中华人民共和国农业部提出并归口。

本标准起草单位：国家化肥质量监督检验中心（北京）、中国疾病预防控制中心职业卫生与中毒控制所。

本标准主要起草人：刘红芳、王旭、李斌、孙蓟锋、肖经纬、保万魁、张星。

肥料登记　急性经口毒性试验及评价要求

1　范围

本标准规定了肥料登记急性经口毒性试验方法、技术要求、结果评价及毒性分级。

本标准适用于中华人民共和国境内登记的肥料和土壤调理剂。

2　规范性引用文件

下列文件对于本文件的应用是必不可少的。凡是注日期的引用文件，仅注日期的版本适用于本文件。凡是不注日期的引用文件，其最新版本(包括所有的修改单)适用于本文件。

GB/T 6679　固体化工产品采样通则

GB/T 6680　液体化工产品采样通则

GB 15193.3—2003　急性毒性试验

3　术语和定义

下列术语和定义适用于本文件。

3.1

实验动物　laboratory animal

指经人工饲育，对其携带的微生物实行控制，遗传背景明确或者来源清楚的，用于科学研究、教学、生产、检定以及其他科学实验的动物。本标准采用的实验动物为小鼠。

3.2

急性经口毒性　acute oral toxicity

一次或 24 h 内多次经口给予小鼠受试物后所引起的健康损害效应。

3.3

剂量　dose

所给受试物的量，常以小鼠单位体重所接受的受试物的质量(mg/kg·bw)表示。

3.4

经口半数致死剂量　median lethal oral dose

一次或 24 h 内多次经口给予小鼠受试物后引起 50%小鼠死亡的统计学剂量，以小鼠单位体重接受受试物的质量(mg/kg·bw)表示(即 LD_{50})。毒性结果以小鼠急性经口半数致死剂量(LD_{50})进行分级评价。

3.5

靶器官　target organ

受试物引起机体出现显著毒性效应的器官。

4　分级及评价要求

4.1　分级指标

急性经口毒性分为实际无毒、低毒、中等毒和高毒四级。指标应符合表 1 要求。

表 1

毒性级别	经口 LD_{50},mg/kg·bw
实际无毒	LD_{50}≥5 000

表 1（续）

毒性级别	经口 LD_{50},mg/kg·bw
低毒	$500 \leqslant LD_{50} < 5\,000$
中等毒	$50 \leqslant LD_{50} < 500$
高毒	$LD_{50} < 50$

4.2 评价要求

急性经口毒性评价分为符合和基本符合两级。毒性级别为实际无毒的，即小鼠急性经口半数致死剂量(LD_{50})不小于 5 000 mg/kg·bw 的，为符合登记肥料急性毒性评价要求；毒性级别为低毒的，即小鼠急性经口半数致死剂量(LD_{50})不小于 500 mg/kg·bw 的，为基本符合登记肥料急性毒性评价要求。

5 试验方法

5.1 受试物

肥料和土壤调理剂。

5.2 小鼠的准备

观察 3 d 并确认健康后开始试验。

5.3 试样处理

受试物加水配制成相应浓度的受试物溶液/混悬液，移入试剂瓶中备用。如果受试物不溶于水，用食用植物油配制。

5.4 剂量分组

至少设 4 个剂量组，各剂量组之间要有适当的剂量间距，以便各组出现不同程度的毒性效应(死亡率)，求得剂量—效应曲线及 LD_{50}。

5.5 限量试验

如果剂量达 5 000 mg/kg·bw，20 只小鼠(雌、雄各半)仍未见与受试物有关的死亡，则可以不设 4 个剂量组的完整试验。

5.6 灌胃量

按 20 g 体重灌 0.4 mL 计算，用处理好的试样灌胃。

5.7 试验方法及观察时间

小鼠给受试物前应隔夜禁食但不禁水，称重后，单次灌胃给予受试物，2 h 后进食。染毒后对小鼠的反应情况连续观察 2 h～4 h，其后每天至少观察 1 次。记录中毒症状出现、消失和小鼠死亡的时间。如果在染毒 4 d 后出现迟发性的毒效应，则应延长观察期 3 周～4 周。

6 观察指标

6.1 中毒症状记录

观察小鼠中毒体征的发生、发展过程以及中毒特点和毒作用的靶器官。观察的系统包括：

——中枢神经系统和神经肌肉系统：体位异常、叫声异常、不安、呆滞、痉挛、抽搐麻痹、运动失调、对外反应过敏或迟钝；

——植物神经系统：瞳孔扩大或缩小、流涎或流泪；

——呼吸系统：鼻孔流液、鼻翼扇动、呼吸深缓、呼吸过速、蜂腰；

——泌尿生殖系统：会阴部污秽、有分泌物、阴道或乳房肿胀；

——皮肤和毛：皮肤充血、紫绀、被毛蓬松、污秽；

——眼：眼球突出、结膜充血、角膜混浊；

——消化系统：腹泄、厌食。

6.2 体重记录

小鼠灌胃前、试验结束时各称量一次体重。观察期间对濒死小鼠称量体重一次。

6.3 病理组织学检查

应对濒死和试验结束时处死的小鼠做大体病理学观察，包括组织器官的颜色、大小、位置等状况。如果观察有可疑病变时，应做病理组织学检查。

7 半数致死剂量统计方法

7.1 霍恩氏法(Horn method)(仲裁法)

7.1.1 预试验

通常采用 10 mg/kg · bw 或 1 000 mg/kg · bw 的剂量，各剂量使用 4 只～6 只小鼠(雌、雄各半)。根据 24 h 内小鼠死亡情况，估计 LD_{50}的可能范围，以确定正式试验剂量。

7.1.2 剂量组的选择

按预试验所确定的致死剂量范围选择一组剂量系列，常用的剂量系列包括：

$$\left.\begin{matrix}1.0\\2.15\\4.65\\10.0\end{matrix}\right\}\times 10^{t} \qquad \left.\begin{matrix}1.0\\3.16\\10.0\\31.6\end{matrix}\right\}\times 10^{t}$$

$t=0,\pm1,\pm2,\pm3\cdots\cdots$

7.1.3 正式试验

根据四个剂量组的小鼠死亡数，查表求得 LD_{50}值及其 95%可信限。霍恩氏法 LD_{50}计算用表见 GB 15193.3—2003 附录 A。

7.2 机率单位—对数图解法

每剂量组使用不少于 20 只小鼠(雌、雄各半)，但各组小鼠数不一定均等。此法不要求剂量组呈等比关系，但等比可使各点距离相等，利于作图。

7.2.1 半数致死剂量的计算

先将剂量的对数值和相应死亡率用点画在图上，即用几率对数图纸直接把剂量和死亡率画在图上。画线时，应使点散布在直线的上下，尽量使直线接近死亡率在 15%～85%的点，即几率单位 4～6 的点。直线上 50%死亡率(几率单位为 5)的相应剂量对数值，经反对数变换后即得 LD_{50}的剂量。

7.2.2 半数致死剂量的可信限估计

7.2.2.1 LD_{50}的标准差 S 按式(1)计算：

$$S=\frac{X_2-X_1}{Y_2-Y_1} \qquad (1)$$

式中：

X_2——几率单位为 6 时相应 X 轴上的对数剂量；

X_1——几率单位为 4 时相应 X 轴上的对数剂量；

Y_2——几率单位为 6；

Y_1——几率单位为 4。

7.2.2.2 估计 $\lg LD_{50}$的标准误按式(2)计算：

$$S_{\lg LD_{50}}=\frac{S}{\sqrt{N'/2}} \qquad (2)$$

式中：

N——死亡率 15%～85%之间所用小鼠数。

7.2.2.3 半数致死剂量对数值的 95%可信限为 $\lg LD_{50} \pm 1.96S_{\lg LD_{50}}$。

7.2.2.4 $\lg LD_{50}$经反对数变换后，可得到 LD_{50}的 95%可信限剂量。

7.3 寇氏法(Karber method)

采用 10 只小鼠(雌、雄各半)。

7.3.1 预试验

预试验中小鼠全部死亡(或 90%以上死亡)的剂量作为正式试验的最高剂量，小鼠不死亡(或 10%以下死亡)的剂量作为正式试验的最低剂量。

7.3.2 正式试验

正式试验应设 5 个～10 个剂量组。将最高、最低剂量换算为对数，然后将最高、最低剂量的对数差，按所需要的组数，分成对数等距的剂量组。

7.3.3 结果计算和统计

7.3.3.1 数据列表

分别列出各剂量组的剂量、剂量对数、小鼠数、小鼠死亡数和小鼠死亡率(以小数表示)。

7.3.3.2 半数致死剂量的计算

7.3.3.2.1 本试验所得的任何结果均可按式(3)计算 $\lg LD_{50}$：

$$\lg LD_{50} = \frac{1}{2}\sum(X_i + X_{i+1})(P_{i+1} - P_i) \quad \cdots\cdots (3)$$

式中：

X_i、X_{i+1}——相邻两组的剂量对数；

P_i、P_{i+1}——相邻两组的小鼠死亡率。

7.3.3.2.2 各组间剂量为对数等距时，$\lg LD_{50}$按式(4)计算：

$$\lg LD_{50} = X_k - \frac{d}{2}\sum(P_i + P_{i+1}) \quad \cdots\cdots (4)$$

式中：

X_k——最高剂量对数；

d——相邻两剂量对数值的差数；

P_i、P_{i+1}——相邻两组的小鼠死亡率。

7.3.3.2.3 各组间剂量为对数等距，且最高、最低剂量组小鼠死亡率分别为 1.0(全死)和 0(全不死)时，$\lg LD_{50}$按式(5)计算：

$$\lg LD_{50} = X_k - d(\sum P - 0.5) \quad \cdots\cdots (5)$$

式中：

X_k——最高剂量对数；

d——相邻两剂量对数值的差数；

$\sum P$——各组小鼠死亡率之和。

7.3.3.2.4 根据 $\lg LD_{50}$，查其自然数，即为 LD_{50}。

7.3.3.3 半数致死剂量的可信限估计

7.3.3.3.1 $\lg LD_{50}$的标准误(S)按式(6)计算：

$$S_{\lg LD_{50}} = d\sqrt{\frac{\sum P - \sum P^2}{n}} \quad \cdots\cdots (6)$$

式中：

d——相邻两剂量对数值的差数；

$\sum P$——各组小鼠死亡率之和；

$\sum P^2$——各组小鼠死亡率平方之和；

n——小鼠数量。

7.3.3.3.2　95%可信限 X 按式(7)计算：

$$X = \lg^{-1}(\lg LD_{50} \pm 1.96 S_{\lg LD50}) \cdots\cdots (7)$$

8　检验规则

8.1　固体或散装产品采样按 GB/T 6679 的规定执行。液体产品采样按 GB/T 6680 的规定执行。

8.2　将所采样品置于洁净、干燥的容器中，迅速混匀。取固体样品 600 g 或液体样品 600 mL，分装于两个洁净、干燥的容器中，密封并贴上标签，注明生产企业名称、产品名称、批号或生产日期、采样日期、采样人姓名。其中一瓶用于产品质量分析，另一瓶应保存至少两个月，以备复验。

8.3　固体样品经多次缩分后，取出约 100 g，置于洁净、干燥的容器中，用于测定。

8.4　液体样品经多次摇动后，取出约 100 mL，置于洁净、干燥的容器中，用于测定。

附录

中华人民共和国农业部公告
第 1390 号

《茭白等级规格》等 122 项标准业经专家审定通过，我部审查批准，现发布为中华人民共和国农业行业标准。自 2010 年 9 月 1 日起实施。

特此公告

二〇一〇年五月二十日

序号	标准号	标准名称	代替标准号
1	NY/T 1834—2010	茭白等级规格	
2	NY/T 1835—2010	大葱等级规格	
3	NY/T 1836—2010	白灵菇等级规格	
4	NY/T 1837—2010	西葫芦等级规格	
5	NY/T 1838—2010	黑木耳等级规格	
6	NY/T 1839—2010	果树术语	
7	NY/T 1840—2010	露地蔬菜产品认证申报审核规范	
8	NY/T 1841—2010	苹果中可溶性固形物、可滴定酸无损伤快速测定　近红外光谱法	
9	NY/T 1842—2010	人参中皂苷的测定	
10	NY/T 1843—2010	葡萄无病毒母本树和苗木	
11	NY/T 1844—2010	农作物品种审定规范　食用菌	
12	NY/T 1845—2010	食用菌菌种区别性鉴定　拮抗反应	
13	NY/T 1846—2010	食用菌菌种检验规程	
14	NY/T 1847—2010	微生物肥料生产菌株质量评价通用技术要求	
15	NY/T 1848—2010	中性、石灰性土壤铵态氮、有效磷、速效钾的测定　联合浸提—比色法	
16	NY/T 1849—2010	酸性土壤铵态氮、有效磷、速效钾的测定　联合浸提—比色法	
17	NY/T 1850—2010	外来昆虫引入风险评估技术规范	
18	NY/T 1851—2010	外来草本植物引入风险评估技术规范	
19	NY/T 1852—2010	内生集壶菌检疫技术规程	
20	NY/T 1853—2010	除草剂对后茬作物影响试验方法	
21	NY/T 1854—2010	马铃薯晚疫病测报技术规范	
22	NY/T 1855—2010	西藏飞蝗测报技术规范	
23	NY/T 1856—2010	农区鼠害控制技术规程	
24	NY/T 1857.1—2010	黄瓜主要病害抗病性鉴定技术规程　第1部分：黄瓜抗霜霉病鉴定技术规程	
25	NY/T 1857.2—2010	黄瓜主要病害抗病性鉴定技术规程　第2部分：黄瓜抗白粉病鉴定技术规程	
26	NY/T 1857.3—2010	黄瓜主要病害抗病性鉴定技术规程　第3部分：黄瓜抗枯萎病鉴定技术规程	
27	NY/T 1857.4—2010	黄瓜主要病害抗病性鉴定技术规程　第4部分：黄瓜抗疫病鉴定技术规程	
28	NY/T 1857.5—2010	黄瓜主要病害抗病性鉴定技术规程　第5部分：黄瓜抗黑星病鉴定技术规程	
29	NY/T 1857.6—2010	黄瓜主要病害抗病性鉴定技术规程　第6部分：黄瓜抗细菌性角斑病鉴定技术规程	
30	NY/T 1857.7—2010	黄瓜主要病害抗病性鉴定技术规程　第7部分：黄瓜抗黄瓜花叶病毒病鉴定技术规程	
31	NY/T 1857.8—2010	黄瓜主要病害抗病性鉴定技术规程　第8部分：黄瓜抗南方根结线虫病鉴定技术规程	
32	NY/T 1858.1—2010	番茄主要病害抗病性鉴定技术规程　第1部分：番茄抗晚疫病鉴定技术规程	
33	NY/T 1858.2—2010	番茄主要病害抗病性鉴定技术规程　第2部分：番茄抗叶霉病鉴定技术规程	
34	NY/T 1858.3—2010	番茄主要病害抗病性鉴定技术规程　第3部分：番茄抗枯萎病鉴定技术规程	
35	NY/T 1858.4—2010	番茄主要病害抗病性鉴定技术规程　第4部分：番茄抗青枯病鉴定技术规程	

（续）

序号	标准号	标准名称	代替标准号
36	NY/T 1858.5—2010	番茄主要病害抗病性鉴定技术规程　第5部分:番茄抗疮痂病鉴定技术规程	
37	NY/T 1858.6—2010	番茄主要病害抗病性鉴定技术规程　第6部分:番茄抗番茄花叶病毒病鉴定技术规程	
38	NY/T 1858.7—2010	番茄主要病害抗病性鉴定技术规程　第7部分:番茄抗黄瓜花叶病毒病鉴定技术规程	
39	NY/T 1858.8—2010	番茄主要病害抗病性鉴定技术规程　第8部分:番茄抗南方根结线虫病鉴定技术规程	
40	NY/T 1859.1—2010	农药抗性风险评估　第1部分:总则	
41	NY/T 1464.27—2010	农药田间药效试验准则　第27部分:杀虫剂防治十字花科蔬菜蚜虫	
42	NY/T 1464.28—2010	农药田间药效试验准则　第28部分:杀虫剂防治阔叶树天牛	
43	NY/T 1464.29—2010	农药田间药效试验准则　第29部分:杀虫剂防治松褐天牛	
44	NY/T 1464.30—2010	农药田间药效试验准则　第30部分:杀菌剂防治烟草角斑病	
45	NY/T 1464.31—2010	农药田间药效试验准则　第31部分:杀菌剂防治生姜姜瘟病	
46	NY/T 1464.32—2010	农药田间药效试验准则　第32部分:杀菌剂防治番茄青枯病	
47	NY/T 1464.33—2010	农药田间药效试验准则　第33部分:杀菌剂防治豇豆锈病	
48	NY/T 1464.34—2010	农药田间药效试验准则　第34部分:杀菌剂防治茄子黄萎病	
49	NY/T 1464.35—2010	农药田间药效试验准则　第35部分:除草剂防治直播蔬菜田杂草	
50	NY/T 1464.36—2010	农药田间药效试验准则　第36部分:除草剂防治菠萝地杂草	
51	NY/T 1860.1—2010	农药理化性质测定试验导则　第1部分:pH值	
52	NY/T 1860.2—2010	农药理化性质测定试验导则　第2部分:酸(碱)度	
53	NY/T 1860.3—2010	农药理化性质测定试验导则　第3部分:外观	
54	NY/T 1860.4—2010	农药理化性质测定试验导则　第4部分:原药稳定性	
55	NY/T 1860.5—2010	农药理化性质测定试验导则　第5部分:紫外/可见光吸收	
56	NY/T 1860.6—2010	农药理化性质测定试验导则　第6部分:爆炸性	
57	NY/T 1860.7—2010	农药理化性质测定试验导则　第7部分:水中光解	
58	NY/T 1860.8—2010	农药理化性质测定试验导则　第8部分:正辛醇/水分配系数	
59	NY/T 1860.9—2010	农药理化性质测定试验导则　第9部分:水解	
60	NY/T 1860.10—2010	农药理化性质测定试验导则　第10部分:氧化—还原/化学不相容性	
61	NY/T 1860.11—2010	农药理化性质测定试验导则　第11部分:闪点	
62	NY/T 1860.12—2010	农药理化性质测定试验导则　第12部分:燃点	
63	NY/T 1860.13—2010	农药理化性质测定试验导则　第13部分:与非极性有机溶剂混溶性	
64	NY/T 1860.14—2010	农药理化性质测定试验导则　第14部分:饱和蒸气压	
65	NY/T 1860.15—2010	农药理化性质测定试验导则　第15部分:固体可燃性	
66	NY/T 1860.16—2010	农药理化性质测定试验导则　第16部分:对包装材料腐蚀性	
67	NY/T 1860.17—2010	农药理化性质测定试验导则　第17部分:密度	
68	NY/T 1860.18—2010	农药理化性质测定试验导则　第18部分:比旋光度	
69	NY/T 1860.19—2010	农药理化性质测定试验导则　第19部分:沸点	
70	NY/T 1860.20—2010	农药理化性质测定试验导则　第20部分:熔点	
71	NY/T 1860.21—2010	农药理化性质测定试验导则　第21部分:黏度	
72	NY/T 1860.22—2010	农药理化性质测定试验导则　第22部分:溶解度	
73	NY/T 1861—2010	外来草本植物普查技术规程	
74	NY/T 1862—2010	外来入侵植物监测技术规程　加拿大一枝黄花	
75	NY/T 1863—2010	外来入侵植物监测技术规程　飞机草	
76	NY/T 1864—2010	外来入侵植物监测技术规程　紫茎泽兰	

（续）

序号	标准号	标准名称	代替标准号
77	NY/T 1865—2010	外来入侵植物监测技术规程　薇甘菊	
78	NY/T 1866—2010	外来入侵植物监测技术规程　黄顶菊	
79	NY/T 1867—2010	土壤腐殖质组成的测定　焦磷酸钠—氢氧化钠提取重铬酸钾氧化容量法	
80	NY/T 1868—2010	肥料合理使用准则　有机肥料	
81	NY/T 1869—2010	肥料合理使用准则　钾肥	
82	NY 1870—2010	藏獒	
83	NY/T 1871—2010	黄羽肉鸡饲养管理技术规程	
84	NY/T 1872—2010	种羊遗传评估技术规范	
85	NY/T 1873—2010	日本脑炎病毒抗体间接检测　酶联免疫吸附法	
86	NY 1874—2010	制绳机械设备安全技术要求	
87	NY/T 1875—2010	联合收割机禁用与报废技术条件	
88	NY/T 1876—2010	喷杆式喷雾机安全施药技术规范	
89	NY/T 1877—2010	轮式拖拉机质心位置测定　质量周期法	
90	NY/T 1878—2010	生物质固体成型燃料技术条件	
91	NY/T 1879—2010	生物质固体成型燃料采样方法	
92	NY/T 1880—2010	生物质固体成型燃料样品制备方法	
93	NY/T 1881.1—2010	生物质固体成型燃料试验方法　第1部分:通则	
94	NY/T 1881.2—2010	生物质固体成型燃料试验方法　第2部分:全水分	
95	NY/T 1881.3—2010	生物质固体成型燃料试验方法　第3部分:一般分析样品水分	
96	NY/T 1881.4—2010	生物质固体成型燃料试验方法　第4部分:挥发分	
97	NY/T 1881.5—2010	生物质固体成型燃料试验方法　第5部分:灰分	
98	NY/T 1881.6—2010	生物质固体成型燃料试验方法　第6部分:堆积密度	
99	NY/T 1881.7—2010	生物质固体成型燃料试验方法　第7部分:密度	
100	NY/T 1881.8—2010	生物质固体成型燃料试验方法　第8部分:机械耐久性	
101	NY/T 1882—2010	生物质固体成型燃料成型设备技术条件	
102	NY/T 1883—2010	生物质固体成型燃料成型设备试验方法	
103	NY/T 1884—2010	绿色食品　果蔬粉	
104	NY/T 1885—2010	绿色食品　米酒	
105	NY/T 1886—2010	绿色食品　复合调味料	
106	NY/T 1887—2010	绿色食品　乳清制品	
107	NY/T 1888—2010	绿色食品　软体动物休闲食品	
108	NY/T 1889—2010	绿色食品　烘炒食品	
109	NY/T 1890—2010	绿色食品　蒸制类糕点	
110	NY/T 1891—2010	绿色食品　海洋捕捞水产品生产管理规范	
111	NY/T 1892—2010	绿色食品　畜禽饲养防疫准则	
112	SC/T 1106—2010	渔用药物代谢动力学和残留试验技术规范	
113	SC/T 8139—2010	渔船设施卫生基本条件	
114	SC/T 8137—2010	渔船布置图专用设备图形符号	
115	SC/T 8117—2010	玻璃纤维增强塑料渔船木质阴模制作	SC/T 8117—2001
116	NY/T 1041—2010	绿色食品　干果	NY/T 1041—2006
117	NY/T 844—2010	绿色食品　温带水果	NY/T 844—2004，NY/T 428—2000
118	NY/T 471—2010	绿色食品　畜禽饲料及饲料添加剂使用准则	NY/T 471—2001
119	NY/T 494—2010	魔芋粉	NY/T 494—2002
120	NY/T 528—2010	食用菌菌种生产技术规程	NY/T 528—2002
121	NY/T 496—2010	肥料合理使用准则 通则	NY/T 496—2002
122	SC 2018—2010	红鳍东方鲀	SC 2018—2004

中华人民共和国农业部公告
第 1418 号

《加工用花生等级规格》等 44 项标准业经专家审定通过，我部审查批准，现发布为中华人民共和国农业行业标准，自 2010 年 9 月 1 日起实施。

特此公告

二〇一〇年七月八日

序号	标准号	标准名称	代替标准号
1	NY/T 1893—2010	加工用花生等级规格	
2	NY/T 1894—2010	茄子等级规格	
3	NY/T 1895—2010	豆类、谷类电子束辐照处理技术规范	
4	NY/T 1896—2010	兽药残留实验室质量控制规范	
5	NY/T 1897—2010	动物及动物产品兽药残留监控抽样规范	
6	NY/T 1898—2010	畜禽线粒体DNA遗传多样性检测技术规程	
7	NY/T 1899—2010	草原自然保护区建设技术规范	
8	NY/T 1900—2010	畜禽细胞与胚胎冷冻保种技术规范	
9	NY/T 1901—2010	鸡遗传资源保种场保护技术规范	
10	NY/T 1902—2010	饲料中单核细胞增生李斯特氏菌的微生物学检验	
11	NY/T 1903—2010	牛胚胎性别鉴定技术方法 PCR法	
12	NY/T 1904—2010	饲草产品质量安全生产技术规范	
13	NY/T 1905—2010	草原鼠害安全防治技术规程	
14	NY/T 1906—2010	农药环境评价良好实验室规范	
15	NY/T 1907—2010	推土(铲运)机驾驶员	
16	NY/T 1908—2010	农机焊工	
17	NY/T 1909—2010	农机专业合作社经理人	
18	NY/T 1910—2010	农机维修电工	
19	NY/T 1911—2010	绿化工	
20	NY/T 1912—2010	沼气物管员	
21	NY/T 1913—2010	农村太阳能光伏室外照明装置　第1部分:技术要求	
22	NY/T 1914—2010	农村太阳能光伏室外照明装置　第2部分:安装规范	
23	NY/T 1915—2010	生物质固体成型燃料术语	
24	NY/T 1916—2010	非自走式沼渣沼液抽排设备技术条件	
25	NY/T 1917—2010	自走式沼渣沼液抽排设备技术条件	
26	NY 1918—2010	农机安全监理证证件	
27	NY 1919—2010	耕整机 安全技术要求	
28	NY/T 1920—2010	微型谷物加工组合机　技术条件	
29	NY/T 1921—2010	耕作机组作业能耗评价方法	
30	NY/T 1922—2010	机插育秧技术规程	
31	NY/T 1923—2010	背负式喷雾机安全施药技术规范	
32	NY/T 1924—2010	油菜移栽机质量评价技术规范	
33	NY/T 1925—2010	在用喷杆喷雾机质量评价技术规范	
34	NY/T 1926—2010	玉米收获机 修理质量	
35	NY/T 1927—2010	农机户经营效益抽样调查方法	
36	NY/T 1928.1—2010	轮式拖拉机　修理质量　第1部分:皮带传动轮式拖拉机	
37	NY/T 1929—2010	轮式拖拉机静侧翻稳定性试验方法	
38	NY/T 1930—2010	秸秆颗粒饲料压制机质量评价技术规范	
39	NY/T 1931—2010	农业机械先进性评价一般方法	
40	NY/T 1932—2010	联合收割机燃油消耗量评价指标及测量方法	
41	NY/T 1121.22—2010	土壤检测　第22部分:土壤田间持水量的测定　环刀法	
42	NY/T 1121.23—2010	土壤检测 第23部分:土粒密度的测定	
43	NY/T 676—2010	牛肉等级规格	NY/T 676—2003
44	NY/T 372—2010	重力式种子分选机质量评价技术规范	NY/T 372—1999

中华人民共和国农业部公告
第 1466 号

《大豆等级规格》等 33 项行业标准报批稿业经专家审定通过、我部审查批准，现发布为中华人民共和国农业行业标准，自 2010 年 12 月 1 日起实施。

特此公告

二〇一〇年九月二十一日

序号	标准号	标准名称	代替标准号
1	NY/T 1933—2010	大豆等级规格	
2	NY/T 1934—2010	双孢蘑菇、金针菇贮运技术规范	
3	NY/T 1935—2010	食用菌栽培基质质量安全要求	
4	NY/T 1936—2010	连栋温室采光性能测试方法	
5	NY/T 1937—2010	温室湿帘 风机系统降温性能测试方法	
6	NY/T 1938—2010	植物性食品中稀土元素的测定 电感耦合等离子体发射光谱法	
7	NY/T 1939—2010	热带水果包装、标识通则	
8	NY/T 1940—2010	热带水果分类和编码	
9	NY/T 1941—2010	龙舌兰麻种质资源鉴定技术规程	
10	NY/T 1942—2010	龙舌兰麻抗病性鉴定技术规程	
11	NY/T 1943—2010	木薯种质资源描述规范	
12	NY/T 1944—2010	饲料中钙的测定 原子吸收分光光谱法	
13	NY/T 1945—2010	饲料中硒的测定 微波消解—原子荧光光谱法	
14	NY/T 1946—2010	饲料中牛羊源性成分检测 实时荧光聚合酶链反应法	
15	NY/T 1947—2010	羊外寄生虫药浴技术规范	
16	NY/T 1948—2010	兽医实验室生物安全要求通则	
17	NY/T 1949—2010	隐孢子虫卵囊检测技术 改良抗酸染色法	
18	NY/T 1950—2010	片形吸虫病诊断技术规范	
19	NY/T 1951—2010	蜜蜂幼虫腐臭病诊断技术规范	
20	NY/T 1952—2010	动物免疫接种技术规范	
21	NY/T 1953—2010	猪附红细胞体病诊断技术规范	
22	NY/T 1954—2010	蜜蜂螨病病原检查技术规范	
23	NY/T 1955—2010	口蹄疫接种技术规范	
24	NY/T 1956—2010	口蹄疫消毒技术规范	
25	NY/T 1957—2010	畜禽寄生虫鉴定检索系统	
26	NY/T 1958—2010	猪瘟流行病学调查技术规范	
27	NY 5359—2010	无公害食品 香辛料产地环境条件	
28	NY 5360—2010	无公害食品 可食花卉产地环境条件	
29	NY 5361—2010	无公害食品 淡水养殖产地环境条件	
30	NY 5362—2010	无公害食品 海水养殖产地环境条件	
31	NY/T 5363—2010	无公害食品 蔬菜生产管理规范	
32	NY/T 460—2010	天然橡胶初加工机械 干燥车	NY/T 460—2001
33	NY/T 461—2010	天然橡胶初加工机械 推进器	NY/T 461—2001

中华人民共和国农业部公告
第 1485 号

根据《中华人民共和国农业转基因生物安全管理条例》规定,《转基因植物及其产品成分检测 耐除草剂棉花 MON1445 及其衍生品种定性 PCR 方法》等 19 项标准业经专家审定通过和我部审查批准,现发布为中华人民共和国国家标准。自 2011 年 1 月 1 日起实施。

特此公告

二〇一〇年十一月十五日

附　录

序号	标准名称	标准代号
1	转基因植物及其产品成分检测　耐除草剂棉花 MON1445 及其衍生品种定性 PCR 方法	农业部 1485 号公告—1—2010
2	转基因微生物及其产品成分检测　猪伪狂犬 TK^{-}/gE^{-}/gI^{-}毒株(SA215 株)及其产品定性 PCR 方法	农业部 1485 号公告—2—2010
3	转基因植物及其产品成分检测　耐除草剂甜菜 H7-1 及其衍生品种定性 PCR 方法	农业部 1485 号公告—3—2010
4	转基因植物及其产品成分检测　DNA 提取和纯化	农业部 1485 号公告—4—2010
5	转基因植物及其产品成分检测　抗病水稻 M12 及其衍生品种定性 PCR 方法	农业部 1485 号公告—5—2010
6	转基因植物及其产品成分检测　耐除草剂大豆 MON89788 及其衍生品种定性 PCR 方法	农业部 1485 号公告—6—2010
7	转基因植物及其产品成分检测　耐除草剂大豆 A2704—12 及其衍生品种定性 PCR 方法	农业部 1485 号公告—7—2010
8	转基因植物及其产品成分检测　耐除草剂大豆 A5547—127 及其衍生品种定性 PCR 方法	农业部 1485 号公告—8—2010
9	转基因植物及其产品成分检测　抗虫耐除草剂玉米 59122 及其衍生品种定性 PCR 方法	农业部 1485 号公告—9—2010
10	转基因植物及其产品成分检测　耐除草剂棉花 LLcotton25 及其衍生品种定性 PCR 方法	农业部 1485 号公告—10—2010
11	转基因植物及其产品成分检测　抗虫转 Bt 基因棉花定性 PCR 方法	农业部 1485 号公告—11—2010
12	转基因植物及其产品成分检测　耐除草剂棉花 MON88913 及其衍生品种定性 PCR 方法	农业部 1485 号公告—12—2010
13	转基因植物及其产品成分检测　抗虫棉花 MON15985 及其衍生品种定性 PCR 方法	农业部 1485 号公告—13—2010
14	转基因植物及其产品成分检测　抗虫转 Bt 基因棉花外源蛋白表达量检测技术规范	农业部 1485 号公告—14—2010
15	转基因植物及其产品成分检测　抗虫耐除草剂玉米 MON88017 及其衍生品种定性 PCR 方法	农业部 1485 号公告—15—2010
16	转基因植物及其产品成分检测 抗虫玉米 MIR604 及其衍生品种定性 PCR 方法	农业部 1485 号公告—16—2010
17	转基因生物及其产品食用安全检测 外源基因异源表达蛋白质等同性分析导则	农业部 1485 号公告—17—2010
18	转基因生物及其产品食用安全检测 外源蛋白质过敏性生物信息学分析方法	农业部 1485 号公告—18—2010
19	转基因植物及其产品成分检测 基体标准物质候选物鉴定方法	农业部 1485 号公告—19—2010

中华人民共和国农业部公告
第 1486 号

根据《中华人民共和国兽药管理条例》和《中华人民共和国饲料和饲料添加剂管理条例》规定，《饲料中苯乙醇胺 A 的测定　高效液相色谱—串联质谱法》等 10 项标准业经专家审定通过和我部审查批准，现发布为中华人民共和国国家标准，自发布之日起实施。

特此公告

二〇一〇年十一月十六日

附　录

序号	标准名称	标准代号
1	饲料中苯乙醇胺A的测定　高效液相色谱—串联质谱法	农业部1486号公告—1—2010
2	饲料中可乐定和赛庚啶的测定　液相色谱—串联质谱法	农业部1486号公告—2—2010
3	饲料中安普霉素的测定　高效液相色谱法	农业部1486号公告—3—2010
4	饲料中硝基咪唑类药物的测定　液相色谱—质谱法	农业部1486号公告—4—2010
5	饲料中阿维菌素药物的测定　液相色谱—质谱法	农业部1486号公告—5—2010
6	饲料中雷琐酸内酯类药物的测定　气相色谱—质谱法	农业部1486号公告—6—2010
7	饲料中9种磺胺类药物的测定　高效液相色谱法	农业部1486号公告—7—2010
8	饲料中硝基呋喃类药物的测定　高效液相色谱法	农业部1486号公告—8—2010
9	饲料中氯烯雌醚的测定　高效液相色谱法	农业部1486号公告—9—2010
10	饲料中三唑仑的测定　气相色谱—质谱法	农业部1486号公告—10—2010

中华人民共和国农业部公告
第 1515 号

《农业科学仪器设备分类与代码》等 50 项标准业经专家审定通过，我部审查批准，现发布为中华人民共和国农业行业标准，自 2011 年 2 月 1 日起实施。

特此公告。

二〇一〇年十二月二十三日

序号	标准号	标准名称	代替标准号
1	NY/T 1959—2010	农业科学仪器设备分类与代码	
2	NY/T 1960—2010	茶叶中磁性金属物的测定	
3	NY/T 1961—2010	粮食作物名词术语	
4	NY/T 1962—2010	马铃薯纺锤块茎类病毒检测	
5	NY/T 1963—2010	马铃薯品种鉴定	
6	NY/T 1151.3—2010	农药登记用卫生杀虫剂室内药效试验及评价 第3部分:蝇香	
7	NY/T 1964.1—2010	农药登记用卫生杀虫剂室内试验试虫养殖方法 第1部分:家蝇	
8	NY/T 1964.2—2010	农药登记用卫生杀虫剂室内试验试虫养殖方法 第2部分:淡色库蚊和致倦库蚊	
9	NY/T 1964.3—2010	农药登记用卫生杀虫剂室内试验试虫养殖方法 第3部分:白纹伊蚊	
10	NY/T 1964.4—2010	农药登记用卫生杀虫剂室内药效试验及评价 第4部分:德国小蠊	
11	NY/T 1965.1—2010	农药对作物安全性评价准则 第1部分:杀菌剂和杀虫剂对作物安全性评价室内试验方法	
12	NY/T 1965.2—2010	农药对作物安全性评价准则 第2部分:光合抑制型除草剂对作物安全性测定试验方法	
13	NY/T 1966—2010	温室覆盖材料安装与验收规范 塑料薄膜	
14	NY/T 1967—2010	纸质湿帘性能测试方法	
15	NY/T 1968—2010	玉米干全酒糟(玉米DDGS)	
16	NY/T 1969—2010	饲料添加剂 产朊假丝酵母	
17	NY/T 1970—2010	饲料中伏马毒素的测定	
18	NY/T 1971—2010	水溶肥料腐植酸含量的测定	
19	NY/T 1972—2010	水溶肥料钠、硒、硅含量的测定	
20	NY/T 1973—2010	水溶肥料水不溶物含量和pH值的测定	
21	NY/T 1974—2010	水溶肥料铜、铁、锰、锌、硼、钼含量的测定	
22	NY/T 1975—2010	水溶肥料游离氨基酸含量的测定	
23	NY/T 1976—2010	水溶肥料有机质含量的测定	
24	NY/T 1977—2010	水溶肥料总氮、磷、钾含量的测定	
25	NY/T 1978—2010	肥料汞、砷、镉、铅、铬含量的测定	
26	NY 1979—2010	肥料登记 标签技术要求	
27	NY 1980—2010	肥料登记 急性经口毒性试验及评价要求	
28	NY/T 1981—2010	猪链球菌病监测技术规范	
29	NY 886—2010	农林保水剂	NY 886—2004
30	NY/T 887—2010	液体肥料密度的测定	NY/T 887—2004
31	NY 1106—2010	含腐殖酸水溶肥料	NY 1106—2006
32	NY 1107—2010	大量元素水溶肥料	NY 1107—2006
33	NY 1110—2010	水溶肥料汞、砷、镉、铅、铬的限量要求	NY 1110—2006
34	NY/T 1117—2010	水溶肥料钙、镁、硫、氯含量的测定	NY/T 1117—2006
35	NY 1428—2010	微量元素水溶肥料	NY 1428—2007
36	NY 1429—2010	含氨基酸水溶肥料	NY 1429—2007
37	SC/T 1107—2010	中华鳖 亲鳖和苗种	
38	SC/T 3046—2010	冻烤鳗良好生产规范	
39	SC/T 3047—2010	鳗鲡储运技术规程	
40	SC/T 3119—2010	活鳗鲡	
41	SC/T 9401—2010	水生生物增殖放流技术规程	
42	SC/T 9402—2010	淡水浮游生物调查技术规范	
43	SC/T 1004—2010	鳗鲡配合饲料	SC/T 1004—2004

（续）

序号	标准号	标准名称	代替标准号
44	SC/T 3102—2010	鲜、冻带鱼	SC/T 3102—1984
45	SC/T 3103—2010	鲜、冻鲳鱼	SC/T 3103—1984
46	SC/T 3104—2010	鲜、冻蓝圆鲹	SC/T 3104—1986
47	SC/T 3106—2010	鲜、冻海鳗	SC/T 3106—1988
48	SC/T 3107—2010	鲜、冻乌贼	SC/T 3107—1984
49	SC/T 3101—2010	鲜大黄鱼、冻大黄鱼、鲜小黄鱼、冻小黄鱼	SC/T 3101—1984
50	SC/T 3302—2010	烤鱼片	SC/T 3302—2000

中华人民共和国卫生部
中华人民共和国农业部 公告

2010年第13号

根据《食品安全法》规定，经食品安全国家标准审评委员会审查通过，现发布《食品安全国家标准 食品中百菌清等12种农药最大残留限量》(GB 25193—2010)，自2010年11月1日起实施。

特此公告。

二〇一〇年七月二十九日

附　录

中华人民共和国卫生部
中华人民共和国农业部　公告

2011年第2号

根据《食品安全法》规定，经食品安全国家标准审评委员会审查通过，现发布食品安全国家标准《食品中百草枯等54种农药最大残留限量》(GB 26130—2010)，自2011年4月1日起实施。

特此公告。

二〇一一年一月二十一日